"十四五"职业教育国家规

职业教育信息安全与管理专业系列教材

网络安全协议分析

主 编 龙 翔 汤 荻

副主编 王立进 虞菊花 柳华梅

参 编 夏 晶 王 斌 张 俊 王世刚

谭庆芳 吴敏君 马振超 叶二毛

主 审 岳大安

机械工业出版社

INFORMATION SECURITY

本书为"十四五"职业教育国家规划教材。本书是一本讲解网络协议安全的教材，内容涵盖了网络协议分析、网络攻击防范和虚拟专用网络安全。本书为校企"双元"合作编写的教材，以培养学生的职业能力为核心，以实践为主线，在讲解理论知识的基础上加入大量实训，面向企业信息安全工程师岗位能力模型进行编写。

本书可作为各类职业院校信息安全技术专业的教材，也可作为信息安全从业人员的参考用书。本书配有电子课件，选用本书作为教材的教师可以从机械工业出版社教育服务网（www.cmpedu.com）免费注册下载或联系编辑（010-88379194）咨询。

图书在版编目（CIP）数据

网络安全协议分析/龙翔，汤荻主编. —北京：机械工业出版社，2019.6
（2023.7重印）
职业教育信息安全与管理专业系列教材
ISBN 978-7-111-63067-8

Ⅰ. ①网… Ⅱ. ①龙… ②汤… Ⅲ. ①计算机网络—安全技术—通信协议—职业教育—教材 Ⅳ. ①TP393.08

中国版本图书馆CIP数据核字（2019）第125938号

机械工业出版社（北京市百万庄大街22号 邮政编码100037）
策划编辑：梁 伟　　　　　　责任编辑：梁 伟 李绍坤
责任校对：陈 越 刘雅娜　　封面设计：马精明
责任印制：单爱军
北京虎彩文化传播有限公司印刷
2023年7月第1版第5次印刷
184mm×260mm · 12.25印张 · 278千字
标准书号：ISBN 978-7-111-63067-8
定价：36.00元

电话服务　　　　　　　　　　网络服务
客服电话：010-88361066　　　机 工 官 网：www.cmpbook.com
　　　　　010-88379833　　　机 工 官 博：weibo.com/cmp1952
　　　　　010-68326294　　　金 书 网：www.golden-book.com
封底无防伪标均为盗版　　　　机工教育服务网：www.cmpedu.com

关于"十四五"职业教育
国家规划教材的出版说明

为贯彻落实《中共中央关于认真学习宣传贯彻党的二十大精神的决定》《习近平新时代中国特色社会主义思想进课程教材指南》《职业院校教材管理办法》等文件精神，机械工业出版社与教材编写团队一道，认真执行思政内容进教材、进课堂、进头脑要求，尊重教育规律，遵循学科特点，对教材内容进行了更新，着力落实以下要求：

1. 提升教材铸魂育人功能，培育、践行社会主义核心价值观，教育引导学生树立共产主义远大理想和中国特色社会主义共同理想，坚定"四个自信"，厚植爱国主义情怀，把爱国情、强国志、报国行自觉融入建设社会主义现代化强国、实现中华民族伟大复兴的奋斗之中。同时，弘扬中华优秀传统文化，深入开展宪法法治教育。

2. 注重科学思维方法训练和科学伦理教育，培养学生探索未知、追求真理、勇攀科学高峰的责任感和使命感；强化学生工程伦理教育，培养学生精益求精的大国工匠精神，激发学生科技报国的家国情怀和使命担当。加快构建中国特色哲学社会科学学科体系、学术体系、话语体系。帮助学生了解相关专业和行业领域的国家战略、法律法规和相关政策，引导学生深入社会实践、关注现实问题，培育学生经世济民、诚信服务、德法兼修的职业素养。

3. 教育引导学生深刻理解并自觉实践各行业的职业精神、职业规范，增强职业责任感，培养遵纪守法、爱岗敬业、无私奉献、诚实守信、公道办事、开拓创新的职业品格和行为习惯。

在此基础上，及时更新教材知识内容，体现产业发展的新技术、新工艺、新规范、新标准。加强教材数字化建设，丰富配套资源，形成可听、可视、可练、可互动的融媒体教材。

教材建设需要各方的共同努力，也欢迎相关教材使用院校的师生及时反馈意见和建议，我们将认真组织力量进行研究，在后续重印及再版时吸纳改进，不断推动高质量教材出版。

机械工业出版社

前　言

当前，在信息技术产业欣欣向荣的同时，危害信息安全的事件不断发生，信息安全的形势非常严峻。敌对势力的破坏、黑客入侵、利用计算机实施犯罪、恶意软件侵扰、隐私泄露等，是我国信息网络空间面临的主要威胁和挑战。我国已经成为世界信息产业大国，但是还不是信息产业强国，在信息产业的基础性产品研制、生产方面还比较薄弱，例如，计算机操作系统等基础软件和CPU等关键性集成电路，我国现在还部分依赖国外的产品，这就使得我国的信息安全基础相对薄弱。

随着计算机和网络在军事、政治、金融、工业、商业等行业的广泛应用，人们对计算机和网络的依赖越来越大，如果计算机和网络系统的安全受到破坏，不仅会带来巨大的经济损失，还会引起社会的混乱。因此，确保以计算机和网络为主要基础设施的信息系统安全已成为世人关注的社会问题和信息科学技术领域的研究热点。党的二十大报告中提出"推进国家安全体系和能力现代化，坚决维护国家安全和社会稳定"。国家对网络安全、信息安全的重视程度越来越高，实现我国社会信息化并确保网络安全的关键是人才，这就需要培养大量素质优良的信息化和网络安全人才。

本书以培养学生的职业能力为核心，以实践为主线，在讲解理论知识的基础上加入大量实训，面向企业信息安全工程师岗位能力模型进行编写。全书分为3章，第1章：网络协议分析，主要介绍常见网络协议的数据结构和工作原理。第2章：网络攻击防范，主要介绍针对局域网网络协议的渗透测试以及对局域网网络协议攻击的防范。第3章：虚拟专用网络安全，主要介绍针对虚拟专用网络协议的渗透测试以及对虚拟专用网络协议攻击的防范。

本书由龙翔、汤荻担任主编，王立进、虞菊花、柳华梅担任副主编，夏晶、王斌、张俊、王世刚、谭庆芳、吴敏君、马振超和叶二毛参加编写。岳大安担任主审。在编写过程中，参考了大量资料，在此，谨向这些资料的作者表示感谢。

由于编者水平有限，书中难免存在疏漏和不妥之处，恩请广大读者批评指正。

编　者

目 录

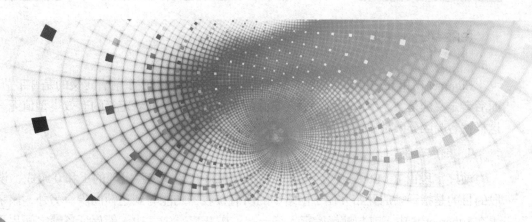

第1章 网络协议分析

1.1 以太网（Ethernet）协议

学习目标

　　理解 Ethernet 协议类型，Ethernet II 与 802.3 协议结构，在抓包软件中如何识别 802.2 与 802.3 协议。

1.1.1 以太网（Ethernet）协议基础知识

　　以太网通常是指由 DEC、Intel 和 Xerox 公司在 1982 年联合发布的一个标准，它是当今 TCP/IP 采用的主要局域网技术，它采用一种称为 CSMA/CD 的媒体接入方法。该标准发布几年后，IEEE 802 委员会发布了一个稍有不同的标准集，其中 802.3 针对整个 CSMA/CD 网络，802.4 针对令牌总线网络，802.5 针对令牌环网络；此 3 种帧的通用部分由 802.2 标准来定义，也就是大家熟悉的 802 网络共有的逻辑链路控制（LLC）。由于目前 CSMA/CD 的媒体接入方式占主流，因此在此仅对以太网和 IEEE 802.3 的帧格式进行详细的分析。

　　在 TCP/IP 中，以太网 IP 数据报文的封装在 RFC 894 中定义，IEEE 802.3 网络的 IP 数据报文的封装在 RFC 1042 中定义。标准规定：

　　1）主机必须能发送和接收采用 RFC 894（以太网）封装格式的分组。

　　2）主机应该能接收 RFC 1042（IEEE 802.3）封装格式的分组。

　　3）主机可以发送采用 RFC 1042（IEEE 802.3）封装格式的分组。

　　如果主机能同时发送两种类型的分组数据，那么发送的分组必须是可以设置的，而且默认条件下必须符合 RFC 894（以太网）。

　　最常使用的封装格式是 RFC 894 定义的格式，俗称 Ethernet II 或者 Ethernet DIX。

　　下面，就以 Ethernet II 称呼 RFC 894 定义的以太帧，以 IEEE 802.3 称呼 RFC 1042 定义的以太帧。

　　Ethernet II 和 IEEE 802.3 的帧格式分别如下。

　　Ethernet II 帧格式：

| 前序 | 目的地址 | 源地址 | 类型 | 数据 | | FCS |
| 8 byte | 6 byte | 6 byte | 2 byte | 46~1500 byte | | 4 byte|

IEEE 802.3 一般帧格式：

前序	帧起始定界符	目的地址	源地址	长度	数据	FCS
7 byte	1 byte	2/6byte	2/6byte	2byte	46~1500byte	4byte

Ethernet II 和 IEEE 802.3 的帧格式相似，主要的不同点在于前者定义的是 2 字节的类型，而后者定义的是 2 字节的长度；后者定义的有效长度值与前者定义的有效类型值无一相同，这样就容易区分两种帧格式了。

1. 前序字段

前序字段由 8（Ethernet II）或 7（IEEE 802.3）字节交替出现的 1 和 0 组成，设置该字段的目的是指示帧的开始并便于网络中的所有接收器均能与到达帧同步。另外，该字段本身（在 Ethernet II 中）或与帧起始定界符一起（在 IEEE 802.3 中）能保证各帧之间用于错误检测和恢复操作的时间间隔不小于 9.6ms。

2. 帧起始定界符字段

该字段仅在 IEEE 802.3 标准中有效，它可以被看成前序字段的延续。实际上，该字段的组成方式继续使用前序字段中的格式，这一字节字段的前 6 个比特位置由交替出现的 1 和 0 构成。该字段的最后两个比特位置是 11，这两位中断了同步模式并提醒接收后面跟随的是帧数据。

当控制器将接收帧送入其缓冲器时，前序字段和帧起始定界符字段均被去除。当控制器发送帧时，它将这两个字段（如果传输的是 IEEE 802.3 帧）或一个前序字段（如果传输的是真正的以太网帧）作为前缀加入帧中。

3. 目的地址字段

目的地址字段确定帧的接收者。两个字节的源地址和目的地址可用于 IEEE 802.3 网络，而 6 字节的源地址和目的地址字段既可用于 Ethernet II 网络又可用于 IEEE 802.3 网络。用户可以选择两字节或 6 个字节的目的地址字段，但对 IEEE 802.3 设备来说，局域网中的所有工作站必须使用相同的地址结构。目前，几乎所有的 802.3 网络都使用 6 字节寻址，帧结构中包含的两字节字段选项主要是用于使用 16 位地址字段的早期局域网。

4. 源地址字段

源地址字段标识发送帧的工作站。和目的地址字段类似，源地址字段的长度可以是两或 6 个字节。只有 IEEE 802.3 标准支持两字节的源地址并要求使用目的地址。Ethernet II 和 IEEE 802.3 标准均支持 6 个字节的源地址。当使用 6 个字节的源地址字段时，前 3 个字节表示由 IEEE 分配给厂商的地址，将写入每一块网络接口卡的 ROM 中。

5. 类型字段

两字节的类型字段仅用于 Ethernet II 帧。该字段用于标识数据字段中包含的高层协议，也就是说，该字段告诉接收设备如何解释数据字段。在以太网中，多种协议可以在局域网中同时共存，例如，类型字段取值为十六进制 0800 的帧将被识别为 IP 帧，而类型字段取值为十六进制 8137 的帧将被识别为 IPX 和 SPX 传输协议帧。因此，在 Ethernet II 的类型字段中设置相应的十六进制值提供了在局域网中支持多协议传输的机制。

在 IEEE 802.3 标准中类型字段被替换为长度字段，因而 Ethernet II 帧和 IEEE 802.3 帧之间不能兼容。

6. 长度字段

用于 IEEE 802.3 的两字节长度字段定义了数据字段包含的字节数。不论是在 Ethernet II 还是 IEEE 802.3 标准中，从前序到 FCS 字段的帧长度最小必须是 64 字节。最小帧长度保证有足够的传输时间用于以太网网络接口卡精确地检测冲突，这一最小时间是根据网络的最大电缆长度和帧沿电缆长度传播所要求的时间确定的。基于最小帧长为 64 字节和使用 6 字节地址字段的要求，意味着每个数据字段的最小长度为 46 字节。唯一的例外是吉比特以太网。在 1000Mbit/s 的工作速率下，原来的 802.3 标准不可能提供足够的帧持续时间使电缆长度达到 100m。这是因为在 1000Mbit/s 的速率下，一个工作站在发现网段另一端出现的任何冲突之前已经处在帧传输过程中的可能性很高。为解决这一问题，设计了将以太网最小帧长扩展为 512 字节的负载扩展方法。

对除了吉比特以太网之外的所有以太网版本，如果传输数据少于 46 字节，应将数据字段填充至 46 字节。不过，填充字符的个数不包括在长度字段值中。同时支持以太网和 IEEE 802.3 帧格式的网络接口卡通过这一字段的值区分这两种帧。也就是说，因为数据字段的最大长度为 1500 字节，所以超过十六进制数 05DC 的值说明它不是长度字段（IEEE 802.3），而是类型字段（Ethernet II）。

7. 数据字段

如前所述，数据字段的最小长度必须为 46 字节以保证帧长至少为 64 字节，这意味着传输一字节信息也必须使用 46 字节的数据字段；如果填入该字段的信息少于 46 字节，该字段的其余部分也必须进行填充。数据字段的最大长度为 1500 字节。

8. 校验序列字段

既可用于 Ethernet II 又可用于 IEEE 802.3 标准的帧校验序列字段提供了一种错误检测机制，每一个发送器均计算一个包括了地址字段、类型 / 长度字段和数据字段的循环冗余校验（CRC）码。发送器于是将计算出的 CRC 填入 4 字节的 FCS 字段。

虽然 IEEE 802.3 标准必然要取代 Ethernet II，但由于二者的相似以及 Ethernet II 作为 IEEE 802.3 的基础这一事实，大家将这两者均看成以太网。

1.1.2 以太网（Ethernet）协议实训

第一步：为各主机配置 IP 地址，如图 1-1 和图 1-2 所示。

Ubuntu Linux：

IPA：192.168.1.112/24。

```
root@bt:~# ifconfig eth0 192.168.1.112 netmask 255.255.255.0
root@bt:~# ifconfig
eth0      Link encap:Ethernet  HWaddr 00:0c:29:4e:c7:10
          inet addr:192.168.1.112  Bcast:192.168.1.255  Mask:255.255.255.0
          inet6 addr: fe80::20c:29ff:fe4e:c710/64 Scope:Link
          UP BROADCAST RUNNING MULTICAST  MTU:1500  Metric:1
          RX packets:311507 errors:0 dropped:0 overruns:0 frame:0
          TX packets:281506 errors:0 dropped:0 overruns:0 carrier:0
          collisions:0 txqueuelen:1000
          RX bytes:21621597 (21.6 MB)  TX bytes:62822798 (62.8 MB)
```

图　1-1

CentOS Linux：

IPB：192.168.1.100/24。

```
[root@localhost ~]# ifconfig eth0 192.168.1.100 netmask 255.255.255.0
[root@localhost ~]# ifconfig
eth0      Link encap:Ethernet   HWaddr 00:0C:29:A0:3E:A2
          inet addr:192.168.1.100  Bcast:192.168.1.255  Mask:255.255.255.0
          inet6 addr: fe80::20c:29ff:fea0:3ea2/64 Scope:Link
          UP BROADCAST RUNNING MULTICAST  MTU:1500  Metric:1
          RX packets:35532 errors:0 dropped:0 overruns:0 frame:0
          TX packets:27052 errors:0 dropped:0 overruns:0 carrier:0
          collisions:0 txqueuelen:1000
          RX bytes:9413259 (8.9 MiB)  TX bytes:1836269 (1.7 MiB)
          Interrupt:59 Base address:0x2000
```

图　1-2

第二步：从渗透测试主机开启 Python 解释器，如图 1-3 所示。

```
root@bt:~# python3.3
Python 3.3.2 (default, Jul  1 2013, 16:37:01)
[GCC 4.4.3] on linux
Type "help", "copyright", "credits" or "license" for more information.
```

图　1-3

第三步：在渗透测试主机 Python 解释器中导入 Scapy 库，如图 1-4 所示。

```
Type "help", "copyright", "credits" or "license" for more information.
>>> from scapy.all import *
WARNING: No route found for IPv6 destination :: (no default route?). This affects only
 IPv6
>>>
```

图　1-4

第四步：查看 Scapy 库中支持的类，如图 1-5 所示。

```
>>> ls()
ARP          : ARP
ASN1_Packet : None
BOOTP        : BOOTP
CookedLinux : cooked linux
DHCP         : DHCP options
DHCP6        : DHCPv6 Generic Message)
DHCP6OptAuth : DHCP6 Option - Authentication
DHCP6OptBCMCSDomains : DHCP6 Option - BCMCS Domain Name List
DHCP6OptBCMCSServers : DHCP6 Option - BCMCS Addresses List
DHCP6OptClientFQDN : DHCP6 Option - Client FQDN
DHCP6OptClientId : DHCP6 Client Identifier Option
DHCP6OptDNSDomains : DHCP6 Option - Domain Search List option
DHCP6OptDNSServers : DHCP6 Option - DNS Recursive Name Server
DHCP6OptElapsedTime : DHCP6 Elapsed Time Option
DHCP6OptGeoConf :
DHCP6OptIAAddress : DHCP6 IA Address Option (IA_TA or IA_NA suboption)
```

图　1-5

第五步：在 Scapy 库支持的类中找到 Ethernet 类，如图 1-6 所示。

```
Dot11ReassoReq : 802.11 Reassociation Request
Dot11ReassoResp : 802.11 Reassociation Response
Dot11WEP     : 802.11 WEP packet
Dot1Q        : 802.1Q
Dot3         : 802.3
EAP          : EAP
EAPOL        : EAPOL
Ether        : Ethernet
GPRS         : GPRSdummy
GRE          : GRE
HAO          : Home Address Option
HBHOptUnknown : Scapy6 Unknown Option
HCI_ACL_Hdr  : HCI ACL header
HCI_Hdr      : HCI header
HDLC         : None
HSRP         : HSRP
ICMP         : ICMP
ICMPerror    : ICMP in ICMP
```

图　1-6

第六步：实例化 Ethernet 类的一个对象，对象的名称为 eth，如图 1-7 所示。

```
>>>
>>> eth = Ether()
>>>
```

图　1-7

第七步：查看对象 eth 的属性，如图 1-8 所示。

```
>>> eth.show()
###[ Ethernet ]###
WARNING: Mac address to reach destination not found. Using broadcast.
 dst= ff:ff:ff:ff:ff:ff
 src= 00:00:00:00:00:00
 type= 0x0
>>>
```

图　1-8

第八步：对 eth 的各属性进行赋值，如图 1-9 所示。

```
>>> eth.dst = "22:22:22:22:22:22"
>>> eth.src = "11:11:11:11:11:11"
>>> eth.type = 0x0800
>>>
>>>
```

图　1-9

第九步：再次查看对象 eth 的属性，如图 1-10 所示。

```
>>> eth.show()
###[ Ethernet ]###
 dst= 22:22:22:22:22:22
 src= 11:11:11:11:11:11
 type= 0x800
>>>
```

图　1-10

第十步：启动 Wireshark 协议分析程序并设置捕获过滤条件，如图 1-11 所示。

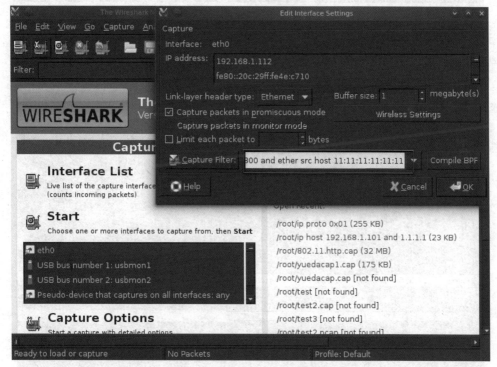

图　1-11

过滤条件如下：

ether proto 0x0800 and ether src host 11:11:11:11:11:11。

第十一步：重新启动 Wireshark，如图 1-12 所示。

第十二步：将对象 eth 通过 sendp 函数进行发送，如图 1-13 所示。

第十三步：查看 Wireshark 捕获的对象 eth 中的各个属性，如图 1-14 所示。

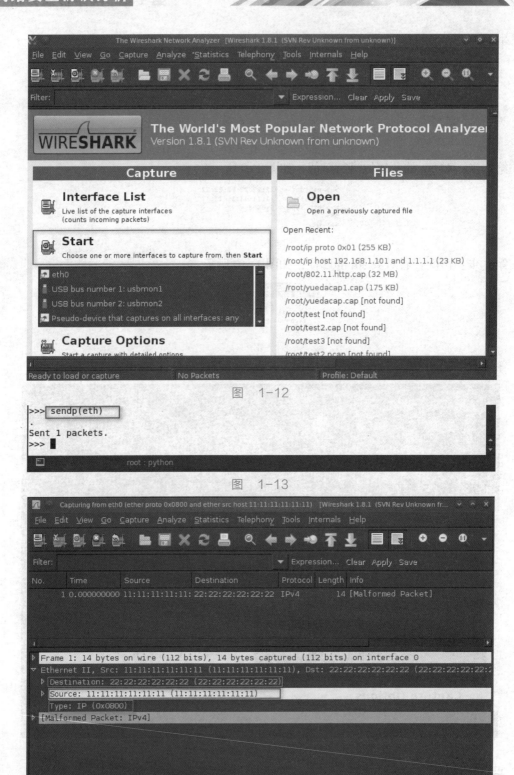

图 1-12

图 1-13

图 1-14

✎ **习　题**

1. 主流的以太网交换机默认使用下面哪种以太网的帧格式？（　　　）
    A. 802.3　　　　　　　B. 802.2　　　　　　　C. Ethernet II　　　　D. SNAP
2. 以太网封装常用格式是（　　　）。
    A. RFC 894　　　　　　B. RFC 1042　　　　　C. RFC 8023　　　　D. RFC 8022
3. RFC 894 是指哪一种协议？（　　　）
    A. 802.11　　　　　　B. 802.2　　　　　　　C. 802.3　　　　　　D. 802.1x
4. 数据字段的最小长度必须为 46 字节，以保证数据帧长至少为（　　　）。
    A. 46 字节　　　　　B. 512 字节　　　　　C. 64 字节　　　　　D. 128 字节
5. 802.3 相对 Ethernet II 协议的说法中，错误的是？（　　　）
    A. 802.3 提供了错误检测机制　　　　　　B. Ethernet II 和 802.3 都有上层标识
    C. 802.3 与 Ethernet II 都具备 type 字段　　D. 802.3 将取代 Ethernet II
6. Ethernet 协议结构包含哪些字段？

7. Ethernet 协议中，802.2 与 802.3 有哪些区别？

1.2　地址解析协议（ARP）

学习目标

理解 MAC 地址结构，ARP 地址解析协议作用，ARP 解析过程及协议字段的作用。

1.2.1　地址解析协议（ARP）基础知识

ARP（Address Resolution Protocol，地址解析协议）分组的格式如图 1-15 所示。

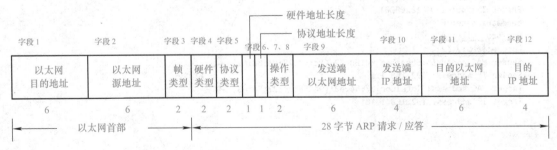

图　1-15

字段 1 是 ARP 请求的以太网目的地址，全为 1 时代表广播地址。
字段 2 是发送 ARP 请求的以太网地址。
字段 3 是以太网帧类型，表示的是后面的数据类型，在 ARP 请求和 ARP 应答中这个值为 0x0806。

字段 4 表示硬件地址的类型，硬件地址不只以太网一种，是以太网类型时此值为 1。

字段 5 表示要映射的协议地址的类型，对 IPv4 地址进行映射时此值为 0x0800。

字段 6 和字段 7 表示硬件地址长度和协议地址长度，MAC 地址占 6 字节，IP 地址占 4 字节。

字段 8 是操作类型字段，值为 1 时表示进行 ARP 请求；值为 2 时表示进行 ARP 应答；值为 3 时表示进行 RARP 请求；值为 4 时表示进行 RARP 应答。

字段 9 是发送端 ARP 请求或应答的硬件地址，这里是以太网地址。

字段 10 是发送 ARP 请求或应答的 IP 地址。

字段 11 和字段 12 是目的端的硬件地址和协议地址。

ARP 请求和相应的 ARP 应答的分组格式，如图 1-16 和图 1-17 所示。

在 ARP 请求分组中，字段 11 目的 MAC 地址未知，用全 0 进行填充，如图 1-16 所示。

```
Ethernet II, Src: IntelCor_27:54:e3 (94:65:9c:27:54:e3), Dst: Broadcast (ff:ff:ff:ff:ff:ff)
  ▷ Destination: Broadcast (ff:ff:ff:ff:ff:ff)        为获得某个IP地址的MAC地址，先进行广播
  ▷ Source: IntelCor_27:54:e3 (94:65:9c:27:54:e3)
    Type: ARP (0x0806)
Address Resolution Protocol (request)
    Hardware type: Ethernet (1)
    Protocol type: IPv4 (0x0800)
    Hardware size: 6
    Protocol size: 4
    Opcode: request (1)
    Sender MAC address: IntelCor_27:54:e3 (94:65:9c:27:54:e3)
    Sender IP address: 192.168.1.101
    Target MAC address: 00:00:00_00:00:00 (00:00:00:00:00:00)  ←  广播时全0，未填充
    Target IP address: 192.168.1.1                                 因为此时还不知道目的MAC地址
```

图 1-16

在 ARP 应答分组中，将 ARP 请求中的源和目的地址进行交换，此外，变化的还有字段 Opcode。其余字段内容不会发生变化，如图 1-17 所示。

```
◢ Ethernet II, Src: Shenzhen_0c:8d:62 (8c:f2:28:0c:8d:62), Dst: IntelCor_27:54:e3 (94:65:9c:27:54:e3)
  ▷ Destination: IntelCor_27:54:e3 (94:65:9c:27:54:e3)     ARP请求中的源地址变为ARP应答中的目的地址
  ▷ Source: Shenzhen_0c:8d:62 (8c:f2:28:0c:8d:62)
    Type: ARP (0x0806)
◢ Address Resolution Protocol (reply)
    Hardware type: Ethernet (1)
    Protocol type: IPv4 (0x0800)
    Hardware size: 6
    Protocol size: 4
    Opcode: reply (2)
    Sender MAC address: Shenzhen_0c:8d:62 (8c:f2:28:0c:8d:62)
    Sender IP address: 192.168.1.1
    Target MAC address: IntelCor_27:54:e3 (94:65:9c:27:54:e3)
    Target IP address: 192.168.1.101
```

图 1-17

1.2.2 地址解析协议（ARP）实训

第一步：为各主机配置 IP 地址，如图 1-18 和图 1-19 所示。

Ubuntu Linux：

IPA：192.168.1.112/24。

```
root@bt:~# ifconfig eth0 192.168.1.112 netmask 255.255.255.0
root@bt:~# ifconfig
eth0      Link encap:Ethernet  HWaddr 00:0c:29:4e:c7:10
          inet addr:192.168.1.112  Bcast:192.168.1.255  Mask:255.255.255.0
          inet6 addr: fe80::20c:29ff:fe4e:c710/64 Scope:Link
          UP BROADCAST RUNNING MULTICAST  MTU:1500  Metric:1
          RX packets:311507 errors:0 dropped:0 overruns:0 frame:0
          TX packets:281506 errors:0 dropped:0 overruns:0 carrier:0
          collisions:0 txqueuelen:1000
          RX bytes:21621597 (21.6 MB)  TX bytes:62822798 (62.8 MB)
```

图 1-18

CentOS Linux：

IPB：192.168.1.100/24。

```
[root@localhost ~]# ifconfig eth0 192.168.1.100 netmask 255.255.255.0
[root@localhost ~]# ifconfig
eth0      Link encap:Ethernet  HWaddr 00:0C:29:A0:3E:A2
          inet addr:192.168.1.100  Bcast:192.168.1.255  Mask:255.255.255.0
          inet6 addr: fe80::20c:29ff:fea0:3ea2/64 Scope:Link
          UP BROADCAST RUNNING MULTICAST  MTU:1500  Metric:1
          RX packets:35532 errors:0 dropped:0 overruns:0 frame:0
          TX packets:27052 errors:0 dropped:0 overruns:0 carrier:0
          collisions:0 txqueuelen:1000
          RX bytes:9413259 (8.9 MiB)  TX bytes:1836269 (1.7 MiB)
          Interrupt:59 Base address:0x2000
```

图 1-19

第二步：从渗透测试主机开启 Python 解释器，如图 1-20 所示。

```
root@bt:~# python3.3
Python 3.3.2 (default, Jul  1 2013, 16:37:01)
[GCC 4.4.3] on linux
Type "help", "copyright", "credits" or "license" for more information.
```

图 1-20

第三步：在渗透测试主机 Python 解释器中导入 Scapy 库，如图 1-21 所示。

```
Type "help", "copyright", "credits" or "license" for more information.
>>> from scapy.all import *
WARNING: No route found for IPv6 destination :: (no default route?). This affects only
    IPv6
>>>
```

图 1-21

第四步：查看 Scapy 库中支持的类，如图 1-22 所示。

```
>>> ls()
ARP         : ARP
ASN1_Packet : None
BOOTP       : BOOTP
CookedLinux : cooked linux
DHCP        : DHCP options
DHCP6       : DHCPv6 Generic Message)
DHCP6OptAuth : DHCP6 Option - Authentication
DHCP6OptBCMCSDomains : DHCP6 Option - BCMCS Domain Name List
DHCP6OptBCMCSServers : DHCP6 Option - BCMCS Addresses List
DHCP6OptClientFQDN : DHCP6 Option - Client FQDN
DHCP6OptClientId : DHCP6 Client Identifier Option
DHCP6OptDNSDomains : DHCP6 Option - Domain Search List option
DHCP6OptDNSServers : DHCP6 Option - DNS Recursive Name Server
DHCP6OptElapsedTime : DHCP6 Elapsed Time Option
DHCP6OptGeoConf :
DHCP6OptIAAddress : DHCP6 IA Address Option (IA_TA or IA_NA suboption)
```

图 1-22

第五步：在 Scapy 库支持的类中找到 Ethernet 类，如图 1-23 所示。

```
Dot11ReassoReq : 802.11 Reassociation Request
Dot11ReassoResp : 802.11 Reassociation Response
Dot11WEP   : 802.11 WEP packet
Dot1Q      : 802.1Q
Dot3       : 802.3
EAP        : EAP
EAPOL      : EAPOL
Ether      : Ethernet
GPRS       : GPRSdummy
GRE        : GRE
HAO        : Home Address Option
HBHOptUnknown : Scapy6 Unknown Option
HCI_ACL_Hdr : HCI ACL header
HCI_Hdr    : HCI header
HDLC       : None
HSRP       : HSRP
ICMP       : ICMP
ICMPerror  : ICMP in ICMP
```

图 1-23

第六步：实例化 Ethernet 类的一个对象，对象的名称为 eth，如图 1-24 所示。

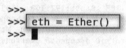

```
>>>
>>> eth = Ether()
>>>
```

图 1-24

第七步：查看对象 eth 的属性，如图 1-25 所示。

```
>>> eth.show()
###[ Ethernet ]###
WARNING: Mac address to reach destination not found. Using broadcast.
  dst= ff:ff:ff:ff:ff:ff
  src= 00:00:00:00:00:00
  type= 0x0
>>>
```

图 1-25

第八步：实例化 ARP 类的一个对象，对象的名称为 arp，如图 1-26 所示。

```
>>>
>>> arp = ARP()
```

图 1-26

第九步：构造对象 eth 和 arp 的复合数据类型 packet，并查看 packet 的各个属性，如图 1-27 和图 1-28 所示。

```
>>> packet = eth/arp
```

图 1-27

```
>>> packet.show()
###[ Ethernet ]###
WARNING: No route found (no default route?)
  dst= ff:ff:ff:ff:ff:ff
WARNING: No route found (no default route?)
  src= 00:00:00:00:00:00
  type= 0x806
###[ ARP ]###
     hwtype= 0x1
     ptype= 0x800
     hwlen= 6
     plen= 4
     op= who-has
WARNING: more No route found (no default route?)
     hwsrc= 00:00:00:00:00:00
     psrc= 0.0.0.0
     hwdst= 00:00:00:00:00:00
     pdst= 0.0.0.0
```

图 1-28

第十步：导入 os 模块，并执行命令查看本地操作系统的 IP 地址，如图 1-29 和图 1-30 所示。

```
>>> import os
```

图 1-29

```
>>> os.system("ifconfig")
eth0      Link encap:Ethernet  HWaddr 00:0c:29:4e:c7:10
          inet addr:192.168.1.112 Bcast:192.168.1.255  Mask:255.255.255.0
```

图 1-30

第十一步：将本地操作系统的 IP 地址赋值给 packet[ARP].psrc，如图 1-31 所示。

```
0
>>> packet[ARP].psrc = "192.168.1.112"
>>> packet.show()
```

图 1-31

第十二步：将 CentOS 靶机的 IP 地址赋值给 packet[ARP].pdst，如图 1-32 所示。

```
>>> packet[ARP].pdst = "192.168.1.100"
>>>
```

图 1-32

第十三步：将广播地址赋值给 packet.dst，并验证，如图 1-33 所示。

```
>>> packet.dst = "ff:ff:ff:ff:ff:ff"
>>> packet.show()
###[ Ethernet ]###
  dst= ff:ff:ff:ff:ff:ff
  src= 00:0c:29:4e:c7:10
  type= 0x806
###[ ARP ]###
     hwtype= 0x1
     ptype= 0x800
     hwlen= 6
     plen= 4
     op= who-has
     hwsrc= 00:0c:29:4e:c7:10
     psrc= 192.168.1.112
     hwdst= 00:00:00:00:00:00
     pdst= 192.168.1.100
>>>
```

图 1-33

第十四步：打开 Wireshark，设置捕获过滤条件，并启动抓包进程，如图 1-34 所示。

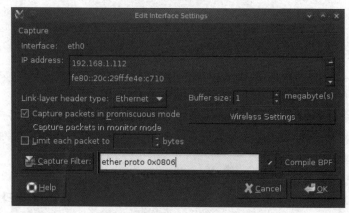

图 1-34

第十五步：发送 packet 对象，如图 1-35 所示。

```
>>> sendp(packet)
.
Sent 1 packets.
>>> █
```

图 1-35

第十六步：通过 Wireshark 查看 ARP 请求对象，并对照预备知识进行分析，如图 1-36 所示。

```
▷ Frame 40: 42 bytes on wire (336 bits), 42 bytes captured (336 bits) on interface 0
▽ Ethernet II, Src: Vmware_4e:c7:10 (00:0c:29:4e:c7:10), Dst: Broadcast (ff:ff:ff:ff:ff:ff)
  ▷ Destination: Broadcast (ff:ff:ff:ff:ff:ff)
  ▷ Source: Vmware_4e:c7:10 (00:0c:29:4e:c7:10)
    Type: ARP (0x0806)
▽ Address Resolution Protocol (request)
    Hardware type: Ethernet (1)
    Protocol type: IP (0x0800)
    Hardware size: 6
    Protocol size: 4
    Opcode: request (1)
    Sender MAC address: Vmware_4e:c7:10 (00:0c:29:4e:c7:10)
    Sender IP address: 192.168.1.112 (192.168.1.112)
    Target MAC address: 00:00:00_00:00:00 (00:00:00:00:00:00)
    Target IP address: 192.168.1.100 (192.168.1.100)
```

图 1-36

第十七步：通过 Wireshark 查看 ARP 回应对象，并对照基础知识进行分析，如图 1-37 所示。

```
▽ Ethernet II, Src: Vmware_78:c0:e4 (00:0c:29:78:c0:e4), Dst: Vmware_4e:c7:10 (00:0c:29:4e:c7:10
  ▷ Destination: Vmware_4e:c7:10 (00:0c:29:4e:c7:10)
  ▷ Source: Vmware_78:c0:e4 (00:0c:29:78:c0:e4)
    Type: ARP (0x0806)
    Padding: 000000000000000000000000000000000000
▽ Address Resolution Protocol (reply)
    Hardware type: Ethernet (1)
    Protocol type: IP (0x0800)
    Hardware size: 6
    Protocol size: 4
    Opcode: reply (2)
    Sender MAC address: Vmware_78:c0:e4 (00:0c:29:78:c0:e4)
    Sender IP address: 192.168.1.100 (192.168.1.100)
    Target MAC address: Vmware_4e:c7:10 (00:0c:29:4e:c7:10)
    Target IP address: 192.168.1.112 (192.168.1.112)
```

图 1-37

✏ 习 题

1. 关于 ARP 缓存的说法中，错误的是（　　）。

   A. ARP 缓存用来存放 IP 地址和 MAC 地址的关联信息

   B. ARP 缓存中包含静态项目和动态项目

   C. 缓存中的动态项目随时间推移自动添加和删除，每个动态 ARP 缓存项都设置了 TTL

   D. 缓存中的静态项目通过手工配置和维护，不会被动态 ARP 项目覆盖，计算机或设备重启后仍然存在

2. ARP 是将（　　）地址转换成（　　）的协议。

   A. IP、端口　　　　　B. IP、MAC　　　　　C. MAC、IP　　　　　D. MAC、端口

3. ARP 数据单元封装在（　　）中发送。

   A. IP 数据报　　　　　B. TCP 报文　　　　　C. 以太帧　　　　　D. UDP 报文

4. 在 ARP 工作的过程中，A 主机向 B 主机发送 ARP 查询请求时，封装的以太网帧中目的 MAC 地址为_____。

5. 有人认为："ARP 向网络层提供了转换地址的服务，因此 ARP 应当属于数据链路层。"这种说法为什么是错误的？

6. 某网络拓扑如下图所示，其中路由器内网接口、DHCP 服务器、WWW 服务器与主机 1 均采用静态 IP 地址配置，相关地址信息见图中标注；主机 2 ~ 主机 N 通过 DHCP 服务器动态获取 IP 地址等配置信息。请问若主机 2 的 ARP 表为空，则该主机访问 Internet 时，发出的第一个以太网帧的目的 MAC 地址是什么？封装主机 2 发往 Internet 的 IP 分组的以太网帧的目的 MAC 地址是什么？

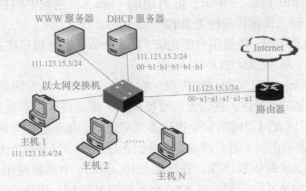

7. 请描述 ARP 的工作机制。

1.3 虚拟局域网（VLAN）协议

学习目标

理解虚拟局域网技术产生的起因，二层广播与 VLAN 隔离，VLAN ID 所在字段及 802.1q 协议的字段作用原理。

1.3.1 虚拟局域网（VLAN）协议基础知识

IEEE 802.1q 标准为标识带有 VLAN（Virtual Local Area Network，虚拟局域网）成员信息的以太帧建立了一种标准方法。IEEE 802.1q 标准定义了 VLAN 网桥操作，从而允许在桥接局域网结构中实现定义、运行以及管理 VLAN 拓扑结构等操作。IEEE 802.1q 标准主要用来解决如何将大型网络划分为多个小网络，如此广播和组播流量就不会占据更多带宽。此外 IEEE 802.1q 标准还提供更高的网络段间安全性。IEEE 802.1q 完成这些功能的关键在于标签。支持 IEEE 802.1q 的交换端口可被配置来传输标签帧或无标签帧。一个包含 VLAN 信息的标签字段可以插入以太帧中。如果端口有支持 IEEE 802.1q 的设备（如另一个交换机）相连，那么这些标签帧可以在交换机之间传送 VLAN 成员信息，这样 VLAN 就可以跨越多台交换机。但是，对于没有支持 IEEE 802.1q 设备相连的端口必须确保它们用于传输无标签帧，这一点非常重要。很多 PC 和打印机的 NIC 并不支持 IEEE 802.1q，一旦它们收到一个标签帧，会因为读不懂标签而丢弃该帧。在 IEEE 802.1q 中，用于标签帧的最大合法以太帧大小已由 1518 字节增加到 1522 字节，这样就会使网卡和旧式交换机由于帧"尺寸过大"而丢弃标签帧。

Preamble（Pre）：前导字段，7 字节。在 Pre 字段中 1 和 0 交互使用，接收站通过该字段导入帧，并且该字段提供了同步化接收物理层帧接收部分和导入比特流的方法。

Start-of-Frame Delimiter（SFD）：帧起始分隔符字段，1 字节。字段中 1 和 0 交互使用，结尾是两个连续的 1，表示下一位是利用目的地址的重复使用字节的重复使用位。

Destination Address（DA）：目的地址字段，6 字节。DA 字段用于识别需要接收帧的站。

Source Addresses（SA）：源地址字段，6 字节。SA 字段用于识别发送帧的站。

TPID：标记协议标识字段，2 字节，值为 8100（hex）。当帧中的 EtherType（以太网类型）字段值也为 8100 时，该帧传送标签 IEEE 802.1q/802.1p。

TCI：标签控制信息字段，包括用户优先级（User Priority）、规范格式指示器（Canonical Format Indicator，CFI）和 VLAN ID。

说明："User Priority"定义用户优先级，包括 8 个（2^3）优先级别。IEEE 802.1p 为 3 比特的用户优先级位定义了操作。在以太网交换机中，规范格式指示器总被设置为 0。由于兼容特性，CFI 常用于以太网类网络和令牌环类网络之间，如果在以太网端口接收的帧具有 CFI，那么设置为 1，表示该帧不进行转发，这是因为以太网端口是一个无标签端口。"VID"（VLAN ID）是对 VLAN 的识别字段，在标准 IEEE 802.1q 中常被使用。该字段为 12 位，支持对 4096（2^{12}）个 VLAN 的识别。在 4096 个可能的 VID 中，VID=0 用于识别帧优先级。4095（FFF）作为预留值，所以 VLAN 配置的最大可能值为 4094。

Length/Type：长度/类型字段，2 字节。如果采用可选格式组成帧结构，则该字段既表示包含在帧数据字段中的 MAC 客户机数据的大小也表示帧类型 ID。

Data：数据字段，是一组 n（$46 \leq n \leq 1500$）字节的任意值序列。帧总值最小为 64 字节。

Frame Check Sequence（FCS）：帧校验序列字段，4 字节。该序列包括 32 位循环冗余校验（CRC）值，由发送方生成，通过接收方进行计算，将二者计算的结果进行比较以校验帧是否被破坏。

1.3.2 虚拟局域网（VLAN）协议实训

第一步：为各主机配置 IP 地址，如图 1-38 和图 1-39 所示。
Ubuntu Linux：
IPA：192.168.1.112/24。

```
root@bt:~# ifconfig eth0 192.168.1.112 netmask 255.255.255.0
root@bt:~# ifconfig
eth0      Link encap:Ethernet  HWaddr 00:0c:29:4e:c7:10
          inet addr:192.168.1.112  Bcast:192.168.1.255  Mask:255.255.255.0
          inet6 addr: fe80::20c:29ff:fe4e:c710/64 Scope:Link
          UP BROADCAST RUNNING MULTICAST  MTU:1500  Metric:1
          RX packets:311507 errors:0 dropped:0 overruns:0 frame:0
          TX packets:281506 errors:0 dropped:0 overruns:0 carrier:0
          collisions:0 txqueuelen:1000
          RX bytes:21621597 (21.6 MB)  TX bytes:62822798 (62.8 MB)
```

图 1-38

CentOS Linux：
IPB：192.168.1.100/24。

```
[root@localhost ~]# ifconfig eth0 192.168.1.100 netmask 255.255.255.0
[root@localhost ~]# ifconfig
eth0      Link encap:Ethernet   HWaddr 00:0C:29:A0:3E:A2
          inet addr:192.168.1.100  Bcast:192.168.1.255  Mask:255.255.255.0
          inet6 addr: fe80::20c:29ff:fea0:3ea2/64 Scope:Link
          UP BROADCAST RUNNING MULTICAST  MTU:1500  Metric:1
          RX packets:35532 errors:0 dropped:0 overruns:0 frame:0
          TX packets:27052 errors:0 dropped:0 overruns:0 carrier:0
          collisions:0 txqueuelen:1000
          RX bytes:9413259 (8.9 MiB)  TX bytes:1836269 (1.7 MiB)
          Interrupt:59 Base address:0x2000
```

图　1-39

第二步：从渗透测试主机开启 Python 解释器，如图 1-40 所示。

```
root@bt:/# python3.3
Python 3.3.2 (default, Jul  1 2013, 16:37:01)
[GCC 4.4.3] on linux
Type "help", "copyright", "credits" or "license" for more information.
```

图　1-40

第三步：在渗透测试主机 Python 解释器中导入 Scapy 库，如图 1-41 所示。

```
>>> from scapy.all import *
WARNING: No route found for IPv6 destination :: (no default route?). This affects onl
y IPv6
```

图　1-41

第四步：查看 Scapy 库中支持的类，如图 1-42 所示。

```
>>> ls()
ARP        : ARP
ASN1_Packet : None
BOOTP      : BOOTP
CookedLinux : cooked linux
DHCP       : DHCP options
DHCP6      : DHCPv6 Generic Message)
DHCP6OptAuth : DHCP6 Option - Authentication
DHCP6OptBCMCSDomains : DHCP6 Option - BCMCS Domain Name List
DHCP6OptBCMCSServers : DHCP6 Option - BCMCS Addresses List
DHCP6OptClientFQDN : DHCP6 Option - Client FQDN
DHCP6OptClientId : DHCP6 Client Identifier Option
DHCP6OptDNSDomains : DHCP6 Option - Domain Search List option
DHCP6OptDNSServers : DHCP6 Option - DNS Recursive Name Server
DHCP6OptElapsedTime : DHCP6 Elapsed Time Option
DHCP6OptGeoConf :
DHCP6OptIAAddress : DHCP6 IA Address Option (IA_TA or IA_NA suboption)
......
```

图　1-42

第五步：实例化 Ether 类的一个对象，对象的名称为 eth，查看对象 eth 的属性，如图 1-43 所示。

```
>>> eth = Ether()
>>> eth.show()
###[ Ethernet ]###
WARNING: Mac address to reach destination not found. Using broadcast.
  dst       = ff:ff:ff:ff:ff:ff
  src       = 00:00:00:00:00:00
  type      = 0x9000
>>>
```

图　1-43

第六步：实例化 Dot1Q 类的一个对象，对象的名称为 dot1q，查看对象 dot1q 的属性，如图 1-44 所示。

```
>>> dot1q = Dot1Q()
>>> dot1q.show()
###[ 802.1Q ]###
  prio      = 0
  id        = 0
  vlan      = 1
  type      = 0x0
>>>
```

图　1-44

第七步：实例化 ARP 类的一个对象，对象的名称为 arp，查看对象 arp 的属性，如图 1-45 所示。

```
>>> arp = ARP()
>>> arp.show()
###[ ARP ]###
  hwtype    = 0x1
  ptype     = 0x800
  hwlen     = 6
  plen      = 4
  op        = who-has
WARNING: No route found (no default route?)
  hwsrc     = 00:00:00:00:00:00
WARNING: No route found (no default route?)
  psrc      = 0.0.0.0
  hwdst     = 00:00:00:00:00:00
  pdst      = 0.0.0.0
>>> ▮
```

图　1-45

第八步：将对象联合 eth、dot1q、arp 构造为复合数据类型 packet，并查看对象 packet 的各个属性，如图 1-46 所示。

```
>>> packet = eth/dot1q/arp
>>> packet.show()
###[ Ethernet ]###
WARNING: No route found (no default route?)
  dst       = ff:ff:ff:ff:ff:ff
  src       = 00:00:00:00:00:00
  type      = 0x8100
###[ 802.1Q ]###
     prio    = 0
     id      = 0
     vlan    = 1
     type    = 0x806
###[ ARP ]###
        hwtype    = 0x1
        ptype     = 0x800
        hwlen     = 6
        plen      = 4
        op        = who-has
WARNING: No route found (no default route?)
        hwsrc     = 00:00:00:00:00:00
WARNING: more No route found (no default route?)
        psrc      = 0.0.0.0
        hwdst     = 00:00:00:00:00:00
        pdst      = 0.0.0.0
>>> ▮
```

图　1-46

第九步：将 packet[Ether].src 赋值为本地 MAC 地址，将 packet[Ether].dst 赋值为广播 MAC 地址"ff:ff:ff:ff:ff:ff"，并验证，如图 1-47 所示。

```
>>> packet[Ether].src = "00:0c:29:4e:c7:10"
>>> packet[Ether].dst = "ff:ff:ff:ff:ff:ff"
>>> packet.show()
###[ Ethernet ]###
  dst       = ff:ff:ff:ff:ff:ff
  src       = 00:0c:29:4e:c7:10
  type      = 0x8100
###[ 802.1Q ]###
     prio    = 0
     id      = 0
     vlan    = 1
     type    = 0x806
###[ ARP ]###
        hwtype    = 0x1
        ptype     = 0x800
        hwlen     = 6
        plen      = 4
        op        = who-has
WARNING: No route found (no default route?)
        hwsrc     = 00:00:00:00:00:00
WARNING: No route found (no default route?)
        psrc      = 0.0.0.0
        hwdst     = 00:00:00:00:00:00
        pdst      = 0.0.0.0
>>> ▮
```

图　1-47

第十步：将 packet[Dot1Q].vlan、packet[ARP].psrc、packet[ARP].pdst 分别赋值，并验证，如图 1-48 所示。

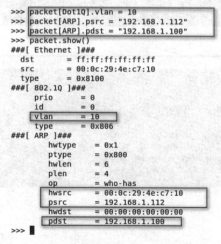

图　1-48

第十一步：打开 Wireshark 程序，并设置过滤条件，如图 1-49 所示。

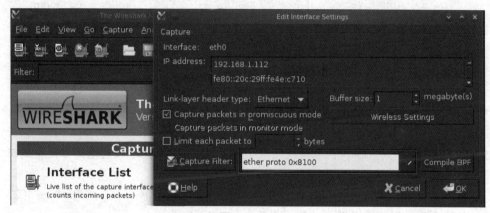

图　1-49

第十二步：使用 sendp（）函数发送 packet 对象，如图 1-50 所示。

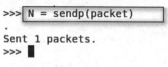

图　1-50

第十三步：查看 Wireshark 捕获到的 packet 对象，对照基础知识分析 VLAN 协议数据对象。

1）Ether，如图 1-51 所示。

```
▷ Frame 1: 46 bytes on wire (368 bits), 46 bytes captured (368 bits) on interface 0
▽ Ethernet II, Src: Vmware_4e:c7:10 (00:0c:29:4e:c7:10), Dst: Broadcast (ff:ff:ff:ff:ff:ff)
  ▷ Destination: Broadcast (ff:ff:ff:ff:ff:ff)
  ▷ Source: Vmware_4e:c7:10 (00:0c:29:4e:c7:10)
    Type: 802.1Q Virtual LAN (0x8100)
```

图　1-51

2）Dot1Q，如图 1-52 所示。

3）ARP，如图 1-53 所示。

```
▽ 802.1Q Virtual LAN, PRI: 0, CFI: 0, ID: 10
    000. .... .... .... = Priority: Best Effort (default) (0)
    ...0 .... .... .... = CFI: Canonical (0)
    .... 0000 0000 1010 = ID: 10
    Type: ARP (0x0806)
```

图 1-52

```
▽ Address Resolution Protocol (request)
    Hardware type: Ethernet (1)
    Protocol type: IP (0x0800)
    Hardware size: 6
    Protocol size: 4
    Opcode: request (1)
    Sender MAC address: Vmware_4e:c7:10 (00:0c:29:4e:c7:10)
    Sender IP address: 192.168.1.112 (192.168.1.112)
    Target MAC address: 00:00:00_00:00:00 (00:00:00:00:00:00)
    Target IP address: 192.168.1.100 (192.168.1.100)
```

图 1-53

✎ 习　题

1. IEEE 组织制定了（　　）标准，规范了跨交换机实现 VLAN 的方法。

    A. ISL   B. VLT   C. 802.1q   D. TCP

2. VLAN Tag 在 OSI 参考模型的（　　）层实现。

    A. 物理层   B. 数据链路层   C. 网络层   D. 应用层

3. dot1q 标签头为（　　）个字节。

    A. 2   B. 4   C. 8   D. 16

4. VLAN Tag 中 VLAN ID 占有（　　）个 bit。

    A. 6   B. 8   C. 10   D. 12

5. IEEE 802.1q 中对 VLAN 的取值范围做了规定，以下哪个 VLAN 的范围描述是正确的？
（　　）

    A. 1～4095   B. 1～8191   C. 1～2047   D. 1～1023

6. IEEE 802.1q 的主要用途和内容是什么？

7. 划分 VLAN 有几种方法？

1.4　生成树（Spanning Tree）协议

学习目标

理解二层环路的产生原因及引发的问题，了解 STP 作用基本概念与工作原理，能识别 BPDU 报文中各个字段的作用。

1.4.1　生成树（Spanning Tree）协议基础知识

网桥协议数据单元（Bridge Protocol Data Unit）是一种生成树协议问候数据包，它可以配置成间隔发出，用来在网络的网桥间进行信息交换。

当一个网桥开始变为活动时，它的每个端口都是每 2s（使用默认定时值时）发送一个 BPDU（Bridge Protocol Data Unit，网桥协议数据单元）。然而，如果一个端口收到另外一个网桥发送过来的 BPDU，而这个 BPDU 比它正在发送的 BPDU 更优，则本地端口会停止发送 BPDU。如果在一段时间（默认为 20s）后它不再接收到邻居的更优的 BPDU，则本地端口会再次发送 BPDU。

BPDU 消息格式：

1）DMA：目的 MAC 地址。

2）SMA：源 MAC 地址。

3）L/T：帧长。

4）LLC Header：配置消息固定的链路头。

5）Payload：BPDU 数据，它包括：

① Protocol identifier：协议标识。

② Version：协议版本。

③ Message type：BPDU 类型。

6）Flag：标志位。

7）Root ID：根桥 ID，由两字节的优先级和 6 字节的 MAC 地址构成。

8）Root path cost：根路径开销。

9）Bridge ID：桥 ID，表示发送 BPDU 的桥的 ID，由两字节的优先级和 6 字节的 MAC 地址构成。

10）Port ID：端口 ID，标识发出 BPDU 的端口。

11）Message age：BPDU 生存时间。

12）Maximum age：当前 BPDU 的老化时间，即端口保存 BPDU 的最长时间。

13）Hello time：根桥发送 BPDU 的周期。

14）Forward delay：表示在拓扑改变后，交换机在发送数据包前维持在监听和学习状态的时间。

桥 ID 是桥的优先级和其 MAC 地址的综合数值，其中桥优先级是一个可以设定的参数。桥 ID 越低，桥的优先级越高，这样可以增加其成为根桥的可能性。

具有最小桥 ID 的交换机是根桥。一般将环路中所有交换机中最好的一台设置为根桥交换机，以保证能够提供最好的网络性能和可靠性。

在每个网段中，到根桥的路径开销最低的桥将成为指定桥，数据包将通过它转发到该网段。当所有的交换机具有相同的根路径开销时，具有最低的桥 ID 的交换机会被选为指定桥。

一台交换机的根路径开销是根端口的路径开销与数据包经过的所有交换机的根路径开销之和。根桥的根路径开销是零。

桥优先级是一个用户可以设定的参数，数值范围是 0 ～ 32 768。设定的值越小，优先级越高。交换机的桥优先级越高，越有可能成为根桥。

根端口是非根桥的交换机上离根桥最近的端口，负责与根桥进行通信，这个端口到根桥的路径开销最低。当多个端口具有相同的到根桥的路径开销时，具有最高端口优先级的端口会成为根端口。

指定端口指定桥上向本交换机转发数据的端口。

端口优先级数值范围是 0 ～ 255，值越小，端口的优先级就越高。端口的优先级越高，越有可能成为根端口。

路径开销是 STP 用于选择链路的参考值。STP 通过计算路径开销选择较为"强壮"的链路，阻塞多余链路，将网络修剪成无环路的树形网络结构。

1.4.2 生成树（Spanning Tree）协议实训

第一步：为各主机配置 IP 地址，如图 1-54 和图 1-55 所示。

Ubuntu Linux：

IPA：192.168.1.112/24。

```
root@bt:~# ifconfig eth0 192.168.1.112 netmask 255.255.255.0
root@bt:~# ifconfig
eth0      Link encap:Ethernet  HWaddr 00:0c:29:4e:c7:10
          inet addr:192.168.1.112  Bcast:192.168.1.255  Mask:255.255.255.0
          inet6 addr: fe80::20c:29ff:fe4e:c710/64 Scope:Link
          UP BROADCAST RUNNING MULTICAST  MTU:1500  Metric:1
          RX packets:311507 errors:0 dropped:0 overruns:0 frame:0
          TX packets:281506 errors:0 dropped:0 overruns:0 carrier:0
          collisions:0 txqueuelen:1000
          RX bytes:21621597 (21.6 MB)  TX bytes:62822798 (62.8 MB)
```

图　1-54

CentOS Linux：

IPB：192.168.1.100/24。

```
[root@localhost ~]# ifconfig eth0 192.168.1.100 netmask 255.255.255.0
[root@localhost ~]# ifconfig
eth0      Link encap:Ethernet  HWaddr 00:0C:29:A0:3E:A2
          inet addr:192.168.1.100  Bcast:192.168.1.255  Mask:255.255.255.0
          inet6 addr: fe80::20c:29ff:fea0:3ea2/64 Scope:Link
          UP BROADCAST RUNNING MULTICAST  MTU:1500  Metric:1
          RX packets:35532 errors:0 dropped:0 overruns:0 frame:0
          TX packets:27052 errors:0 dropped:0 overruns:0 carrier:0
          collisions:0 txqueuelen:1000
          RX bytes:9413259 (8.9 MiB)  TX bytes:1836269 (1.7 MiB)
          Interrupt:59 Base address:0x2000
```

图　1-55

第二步：从渗透测试主机开启 Python 解释器，如图 1-56 所示。

```
root@bt:/# python3.3
Python 3.3.2 (default, Jul  1 2013, 16:37:01)
[GCC 4.4.3] on linux
Type "help", "copyright", "credits" or "license" for more information.
```

图　1-56

第三步：在渗透测试主机 Python 解释器中导入 Scapy 库、VRRP 库，如图 1-57 所示。

```
>>> from scapy.all import *
WARNING: No route found for IPv6 destination :: (no default route?). This affects onl
y IPv6
```

图　1-57

第四步：查看 Scapy 库中支持的类，如图 1-58 所示。

第五步：在 Scapy 库支持的类中找到 Ethernet 类，如图 1-59 所示。

第六步：实例化 Dot3 类的一个对象，对象的名称为 dot3，查看对象 dot3 的属性，如图 1-60 所示。

```
>>> ls()
ARP          : ARP
ASN1_Packet : None
BOOTP        : BOOTP
CookedLinux : cooked linux
DHCP         : DHCP options
DHCP6        : DHCPv6 Generic Message)
DHCP6OptAuth : DHCP6 Option - Authentication
DHCP6OptBCMCSDomains : DHCP6 Option - BCMCS Domain Name List
DHCP6OptBCMCSServers : DHCP6 Option - BCMCS Addresses List
DHCP6OptClientFQDN : DHCP6 Option - Client FQDN
DHCP6OptClientId : DHCP6 Client Identifier Option
DHCP6OptDNSDomains : DHCP6 Option - Domain Search List option
DHCP6OptDNSServers : DHCP6 Option - DNS Recursive Name Server
DHCP6OptElapsedTime : DHCP6 Elapsed Time Option
DHCP6OptGeoConf :
DHCP6OptIAAddress : DHCP6 IA Address Option (IA_TA or IA_NA suboption)
```

图　1-58

```
Dot11WEP    : 802.11 WEP packet
Dot1Q       : 802.1Q
Dot3        : 802.3
EAP         : EAP
EAPOL       : EAPOL
EDNS0TLV    : DNS EDNS0 TLV
ESP         : ESP
Ether       : Ethernet
GPRS        : GPRSdummy
GRE         : GRE
GRErouting  : GRE routing informations
HAO         : Home Address Option
HBHOptUnknown : Scapy6 Unknown Option
HCI_ACL_Hdr : HCI ACL header
HCI_Hdr     : HCI header
HDLC        : None
HSRP        : HSRP
HSRPmd5     : HSRP MD5 Authentication
ICMP        : ICMP
```

图　1-59

```
>>> dot3 = Dot3()
>>> dot3.show()
###[ 802.3 ]###
WARNING: Mac address to reach destination not found. Using broadcast.
  dst     = ff:ff:ff:ff:ff:ff
  src     = 00:00:00:00:00:00
  len     = None
>>>
```

图　1-60

第七步：实例化 LLC 类的一个对象，对象的名称为 llc，查看对象 llc 的属性，如图 1-61 所示。

```
>>> llc = LLC()
>>> llc.show()
###[ LLC ]###
  dsap    = 0x0
  ssap    = 0x0
  ctrl    = 0
>>>
```

图　1-61

第八步：实例化 STP 类的一个对象，对象的名称为 stp，查看对象 stp 的属性，如图 1-62 所示。

第九步：将对象联合 dot3、llc、stp 构造为复合数据类型 bpdu，并查看 bpdu 的各个属性，如图 1-63 所示。

第十步：将 bpdu[Dot3].src 赋值为本地 MAC 地址，将 bpdu[Dot3].dst 赋值为组播 MAC 地址 "01:80:c2:00:00:00"，将 bpdu[Dot3].len 赋值为 38，并验证，如图 1-64 所示。

```
>>> stp = STP()
>>> stp.show()
###[ Spanning Tree Protocol ]###
    proto     = 0
    version   = 0
    bpdutype  = 0
    bpduflags = 0
    rootid    = 0
    rootmac   = 00:00:00:00:00:00
    pathcost  = 0
    bridgeid  = 0
    bridgemac = 00:00:00:00:00:00
    portid    = 0
    age       = 1
    maxage    = 20
    hellotime = 2
    fwddelay  = 15
>>>
```

图 1-62

```
>>> bpdu = dot3/llc/stp
>>> bpdu.show()
###[ 802.3 ]###
WARNING: Mac address to reach destination not found. Using broadcast.
  dst      = ff:ff:ff:ff:ff:ff
  src      = 00:00:00:00:00:00
  len      = None
###[ LLC ]###
    dsap     = 0x42
    ssap     = 0x42
    ctrl     = 3
###[ Spanning Tree Protocol ]###
    proto     = 0
    version   = 0
    bpdutype  = 0
    bpduflags = 0
    rootid    = 0
    rootmac   = 00:00:00:00:00:00
    pathcost  = 0
    bridgeid  = 0
    bridgemac = 00:00:00:00:00:00
    portid    = 0
    age       = 1
    maxage    = 20
    hellotime = 2
    fwddelay  = 15
>>>
```

图 1-63

```
>>> bpdu[Dot3].src = "00:0c:29:4e:c7:10"
>>> bpdu[Dot3].dst = "01:80:c2:00:00:00"
>>> bpdu[Dot3].len = 38
>>> bpdu.show()
###[ 802.3 ]###
  dst        = 01:80:c2:00:00:00
  src        = 00:0c:29:4e:c7:10
  len        = 38
###[ LLC ]###
    dsap     = 0x42
    ssap     = 0x42
    ctrl     = 3
###[ Spanning Tree Protocol ]###
    proto     = 0
    version   = 0
    bpdutype  = 0
    bpduflags = 0
    rootid    = 0
    rootmac   = 00:00:00:00:00:00
    pathcost  = 0
    bridgeid  = 0
    bridgemac = 00:00:00:00:00:00
    portid    = 0
    age       = 1
    maxage    = 20
    hellotime = 2
    fwddelay  = 15
>>>
```

图 1-64

第十一步：将 bpdu[STP].rootid、bpdu[STP].rootmac、bpdu[STP].bridgeid、bpdu[STP].bridgemac 分别赋值，并验证，如图 1-65 所示。

第十二步：将 bpdu[STP].portid 赋值，并验证，如图 1-66 所示。

第十三步：打开 Wireshark 程序，并设置过滤条件，如图 1-67 所示。

```
>>> bpdu[STP].rootid = 10
>>> bpdu[STP].rootmac = "00:0c:29:4e:c7:10"
>>> bpdu[STP].bridgeid = 10
>>> bpdu[STP].bridgemac = "00:0c:29:4e:c7:10"
>>> bpdu.show()
###[ 802.3 ]###
  dst       = 01:80:c2:00:00:00
  src       = 00:0c:29:4e:c7:10
  len       = 38
###[ LLC ]###
     dsap      = 0x42
     ssap      = 0x42
     ctrl      = 3
###[ Spanning Tree Protocol ]###
        proto       = 0
        version     = 0
        bpdutype    = 0
        bpduflags   = 0
        rootid      = 10
        rootmac     = 00:0c:29:4e:c7:10
        pathcost    = 0
        bridgeid    = 10
        bridgemac   = 00:0c:29:4e:c7:10
        portid      = 0
        age         = 1
        maxage      = 20
        hellotime   = 2
        fwddelay    = 15
>>>
```

图　1-65

```
>>> bpdu[STP].portid = 1024
>>> bpdu.show()
###[ 802.3 ]###
  dst       = 01:80:c2:00:00:00
  src       = 00:0c:29:4e:c7:10
  len       = 38
###[ LLC ]###
     dsap      = 0x42
     ssap      = 0x42
     ctrl      = 3
###[ Spanning Tree Protocol ]###
        proto       = 0
        version     = 0
        bpdutype    = 0
        bpduflags   = 0
        rootid      = 10
        rootmac     = 00:0c:29:4e:c7:10
        pathcost    = 0
        bridgeid    = 10
        bridgemac   = 00:0c:29:4e:c7:10
        portid      = 1024
        age         = 1
        maxage      = 20
        hellotime   = 2
        fwddelay    = 15
>>>
```

图　1-66

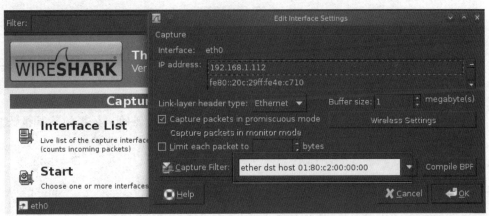

图　1-67

第十四步：使用 sendp（）函数发送 bpdu 对象，如图 1-68 所示。

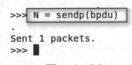

图　1-68

第十五步：查看 Wireshark 捕获到的 bpdu 对象，对照基础知识分析 STP 数据对象。

1）802.3，如图 1-69 所示。

图　1-69

2）LLC，如图1-70所示。

```
Logical-Link Control
   DSAP: Spanning Tree BPDU (0x42)
   IG Bit: Individual
   SSAP: Spanning Tree BPDU (0x42)
   CR Bit: Command
▽ Control field: U, func=UI (0x03)
   000. 00.. = Command: Unnumbered Information (0x00)
   .... ..11 = Frame type: Unnumbered frame (0x03)
```

图 1-70

3）STP，如图1-71所示。

```
Spanning Tree Protocol
   Protocol Identifier: Spanning Tree Protocol (0x0000)
   Protocol Version Identifier: Spanning Tree (0)
   BPDU Type: Configuration (0x00)
▷ BPDU flags: 0x00
▷ Root Identifier: 0 / 10 / 00:0c:29:4e:c7:10
   Root Path Cost: 0
▷ Bridge Identifier: 0 / 10 / 00:0c:29:4e:c7:10
   Port identifier: 0x0400
   Message Age: 1
   Max Age: 20
   Hello Time: 2
   Forward Delay: 15

00  01 80 c2 00 00 00 00 0c  29 4e c7 10 00 26 42 42    ........)N...&BB
10  03 00 00 00 00 00 00 0a  00 0c 29 4e c7 10 00 00    ..........)N....
20  00 00 00 0a 00 0c 29 4e  c7 10 04 00 01 00 14 00    ......)N.......
```

图 1-71

此时 Port identifier 为十进制 1024 对应的十六进制数 0x0400。

✎ 习 题

1. BPDU 报文是通过（　　　）传送的。

　　A. TCP 报文　　　　B. IP 报文　　　　C. 以太网帧　　　　D. UDP 报文

2. STP 生成树的形成依赖于 BPDU，BPDU 是第（　　　）层的协议。

　　A. 第 1 层　　　　B. 第 2 层　　　　C. 第 3 层　　　　D. 第 4 层

3. STP 的 BPDU 配置消息是以以太网数据帧格式进行传递的，数据链路层报头中的 SAP 的值是（　　　）。

　　A. 0x40　　　　B. 0x41　　　　C. 0x42　　　　D. 0x43

4. STP 交换机会发送 BPDU。关于 BPDU 的说法正确的是（　　　）。

　　A. BPDU 是使用 IEEE 802.3 标准的帧　　B. BPDU 是使用 Etherent II 标准的帧

　　C. BPDU 帧的 Control 字段值为 3　　　　D. BPDU 帧的目的 MAC 地址为广播地址

5. 下列对 STP 生成树结构的描述中，错误的是（　　　）。

　　A. STP 无论是根的确定，还是树状结构的生成，主要依靠 BPDU 提供的信息

　　B. 在配置 BPDU 的桥 ID 中，优先级的取值范围是 0 ～ 61 440

　　C. 拓扑变化通知 BPDU 数据包的长度不超过 4 个字节

　　D. 配置 BPDU 数据包的长度小于等于 32 个字节

6. BPDU 的分类有哪些？

7. BPDU 的哪些字段参与 STP 选举？

1.5 互联网协议（IP）

学习目标

理解 IP 在网络中的作用，IP 中 MTU 分片过程，能识别 IP 报文中各个字段的作用。

1.5.1 互联网协议（IP）基础知识

IP（Internet Protocol，互联网协议）的数据报格式如图 1-72 所示。

1）版本占 4 位，指 IP 的版本。通信双方使用的 IP 版本必须一致。目前广泛使用的 IP 版本号为 4（即 IPv4）。

2）首部长度占 4 位，可表示的最大十进制数值是 15。注意，这个字段所表示数的单位是 32 位字长（1 个 32 位字长是 4 字节），因此，当 IP 的首部长度为 1111 时（即十进制的 15），首部长度就达到 60 字节。当 IP 分组的首部长度不是 4 字节的整数倍时，必须利用最后的填充字段加以填充。因此数据部分永远在 4 字节的整数倍开始，这样在实现 IP 时较为方便。首部长度限制为 60 字节的缺点是有时可能不够用。但这样做是希望用户尽量减少开销。最常用的首部长度就是 20 字节（即首部长度为 0101），这时不使用任何选项。

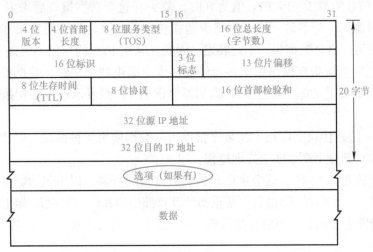

图 1-72

3）区分服务占 8 位，用来获得更好的服务。这个字段在旧标准中叫服务类型，但实际上一直没有被使用过。1998 年 IETF 把这个字段改名为区分服务 DS（Differentiated Services）。只有在使用区分服务时，这个字段才起作用。

4）总长度指首部和数据之和的长度，单位为字节。总长度字段为 16 字节，因此数据报的最大长度为 $2^{16}-1=65\,535$ 字节。

在 IP 层下面的每一种数据链路层都有自己的帧格式，其中包括帧格式中的数据字段的最大长度，这称为最大传送单元 MTU（Maximum Transfer Unit）。当一个数据报封装成链路层的帧时，此数据报的总长度（即首部加上数据部分）一定不能超过下面的数据链路层的 MTU 值。

5）标识（identification）占 16 位。IP 软件在存储器中维持一个计数器，每产生一个数据报，计数器就加 1，并将此值赋给标识字段。但这个"标识"并不是序号，因为 IP 是无连接服务，数据报不存在按序接收的问题。当数据报由于长度超过网络的 MTU 而必须分片时，这个标识字段的值就被复制到所有数据报的标识字段中。相同的标识字段的值使分片后的各数据报片最后能正确地重装成为原来的数据报。

6）标志（flag）占 3 位，但目前只有两位有意义。

① 标志字段中的最低位记为 MF（More Fragment）。MF=1 即表示后面"还有分片"的数据报。MF=0 表示这已是若干数据报片中的最后一个。

② 标志字段中间的一位记为 DF（Don't Fragment），意思是"不能分片"。只有当 DF=0 时才允许分片。

7）片偏移占 13 位。片偏移指出较长的分组在分片后某片在原分组中的相对位置。也就是说，相对用户数据字段的起点，该片从何处开始。片偏移以 8 个字节为偏移单位，每个分片的长度一定是 8 字节（64 位）的整数倍。

8）生存时间占 8 位，生存时间（Time To Live，TTL）字段表明数据报在网络中的寿命。由发出数据报的源点设置这个字段。其目的是防止无法交付的数据报无限制地在网络中兜圈子，而白白消耗网络资源。最初的设计是以秒作为 TTL 的单位。每经过一个路由器时，就把 TTL 减去数据报在路由器消耗掉的一段时间。若数据报在路由器消耗的时间小于 1s，则把 TTL 值减 1。当 TTL 值为 0 时，就丢弃这个数据报。后来把 TTL 字段的功能改为"跳数限制"（但名称不变）。路由器在转发数据报之前就把 TTL 值减 1，若 TTL 值减少到零，则丢弃这个数据报，不再转发。因此，现在 TTL 的单位不再是秒，而是跳数。TTL 的意义是指明数据报在网络中至多可经过多少个路由器。显然，数据报在网络上经过的路由器的最大数值是 255。若把 TTL 的初始值设为 1，则表示这个数据报只能在本局域网中传送。

9）协议占 8 位，协议字段指出此数据报携带的数据使用何种协议，以便使目的主机的 IP 层知道应将数据部分上交给哪个处理过程。

10）首部检验和占 16 位。这个字段只检验数据报的首部，但不包括数据部分。这是因为数据报每经过一个路由器，路由器都要重新计算首部检验和（一些字段，如生存时间、标志、片偏移等都可能发生变化）。不检验数据部分可减少计算的工作量。

1.5.2 互联网协议（IP）实训

第一步：为各主机配置 IP 地址，如图 1-73 和图 1-74 所示。

Ubuntu Linux：

IPA：192.168.1.112/24。

```
root@bt:~# ifconfig eth0 192.168.1.112 netmask 255.255.255.0
root@bt:~# ifconfig
eth0      Link encap:Ethernet  HWaddr 00:0c:29:4e:c7:10
          inet addr:192.168.1.112  Bcast:192.168.1.255  Mask:255.255.255.0
          inet6 addr: fe80::20c:29ff:fe4e:c710/64 Scope:Link
          UP BROADCAST RUNNING MULTICAST  MTU:1500  Metric:1
          RX packets:311507 errors:0 dropped:0 overruns:0 frame:0
          TX packets:281506 errors:0 dropped:0 overruns:0 carrier:0
          collisions:0 txqueuelen:1000
          RX bytes:21621597 (21.6 MB)  TX bytes:62822798 (62.8 MB)
```

图 1-73

CentOS Linux：

IPB：192.168.1.100/24。

```
[root@localhost ~]# ifconfig eth0 192.168.1.100 netmask 255.255.255.0
[root@localhost ~]# ifconfig
eth0      Link encap:Ethernet  HWaddr 00:0C:29:A0:3E:A2
          inet addr:192.168.1.100  Bcast:192.168.1.255  Mask:255.255.255.0
          inet6 addr: fe80::20c:29ff:fea0:3ea2/64 Scope:Link
          UP BROADCAST RUNNING MULTICAST  MTU:1500  Metric:1
          RX packets:35532 errors:0 dropped:0 overruns:0 frame:0
          TX packets:27052 errors:0 dropped:0 overruns:0 carrier:0
          collisions:0 txqueuelen:1000
          RX bytes:9413259 (8.9 MiB)  TX bytes:1836269 (1.7 MiB)
          Interrupt:59 Base address:0x2000
```

图 1-74

第二步：从渗透测试主机开启 Python 解释器，如图 1-75 所示。

```
root@bt:~# python3.3
Python 3.3.2 (default, Jul  1 2013, 16:37:01)
[GCC 4.4.3] on linux
Type "help", "copyright", "credits" or "license" for more information.
```

图 1-75

第三步：在渗透测试主机 Python 解释器中导入 Scapy 库，如图 1-76 所示。

```
Type "help", "copyright", "credits" or "license" for more information.
>>> from scapy.all import *
WARNING: No route found for IPv6 destination :: (no default route?)
>>>
```

图 1-76

第四步：查看 Scapy 库中支持的类，如图 1-77 所示。

```
>>> ls()
ARP             : ARP
ASN1_Packet : None
BOOTP        : BOOTP
CookedLinux : cooked linux
DHCP         : DHCP options
DHCP6        : DHCPv6 Generic Message)
DHCP6OptAuth : DHCP6 Option - Authentication
DHCP6OptBCMCSDomains : DHCP6 Option - BCMCS Domain Name List
DHCP6OptBCMCSServers : DHCP6 Option - BCMCS Addresses List
DHCP6OptClientFQDN : DHCP6 Option - Client FQDN
DHCP6OptClientId : DHCP6 Client Identifier Option
DHCP6OptDNSDomains : DHCP6 Option - Domain Search List option
DHCP6OptDNSServers : DHCP6 Option - DNS Recursive Name Server
DHCP6OptElapsedTime : DHCP6 Elapsed Time Option
DHCP6OptGeoConf :
DHCP6OptIAAddress : DHCP6 IA Address Option (IA_TA or IA_NA suboption)
```

图 1-77

第五步：在 Scapy 库支持的类中找到 Ethernet 类，如图 1-78 所示。

```
Dot11ReassoReq : 802.11 Reassociation Request
Dot11ReassoResp : 802.11 Reassociation Response
Dot11WEP   : 802.11 WEP packet
Dot1Q      : 802.1Q
Dot3       : 802.3
EAP        : EAP
EAPOL      : EAPOL
Ether      : Ethernet
GPRS       : GPRSdummy
GRE        : GRE
HAO        : Home Address Option
HBHOptUnknown : Scapy6 Unknown Option
HCI_ACL_Hdr : HCI ACL header
HCI_Hdr    : HCI header
HDLC       : None
HSRP       : HSRP
ICMP       : ICMP
ICMPerror  : ICMP in ICMP
```

图 1-78

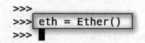

第六步：实例化 Ethernet 类的一个对象，对象的名称为 eth，如图 1-79 所示。

```
>>>
>>> eth = Ether()
>>>
```

图　1-79

第七步：查看对象 eth 的各属性，如图 1-80 所示。

```
>>> eth.show()
###[ Ethernet ]###
WARNING: Mac address to reach destination not found. Using broadcast.
  dst= ff:ff:ff:ff:ff:ff
  src= 00:00:00:00:00:00
  type= 0x0
>>>
```

图　1-80

第八步：实例化 IP 类的一个对象，对象的名称为 ip，并查看对象 ip 的各个属性，如图 1-81 所示。

```
>>> ip = IP()
>>> ip.show()
###[ IP ]###
  version= 4
  ihl= None
  tos= 0x0
  len= None
  id= 1
  flags=
  frag= 0
  ttl= 64
  proto= ip
  chksum= 0x0
  src= 127.0.0.1
  dst= 127.0.0.1
  options= ''
>>>
```

图　1-81

第九步：构造对象 eth、对象 ip 的复合数据类型 packet，并查看对象 packet 的各个属性，如图 1-82 所示。

```
>>> packet = eth/ip
>>> packet.show()
###[ Ethernet ]###
  dst= ff:ff:ff:ff:ff:ff
  src= 00:00:00:00:00:00
  type= 0x800
###[ IP ]###
  version= 4
  ihl= None
  tos= 0x0
  len= None
  id= 1
  flags=
  frag= 0
  ttl= 64
  proto= ip
  chksum= 0x0
  src= 127.0.0.1
  dst= 127.0.0.1
  options= ''
>>>
```

图　1-82

第十步：将本地操作系统的 IP 地址赋值给 packet[IP].src，如图 1-83 所示。

第十一步：将 CentOS 操作系统靶机的 IP 地址赋值给 packet[IP].dst，并查看对象 packet 的各个属性，如图 1-84 所示。

```
>>> import os
>>> os.system("ifconfig")
eth0      Link encap:Ethernet  HWaddr 00:0c:29:4e:c7:10
          inet addr:192.168.1.112  Bcast:192.168.1.255  Mask:255.255.255.0
          inet6 addr: fe80::20c:29ff:fe4e:c710/64 Scope:Link
          UP BROADCAST RUNNING MULTICAST  MTU:1500  Metric:1
          RX packets:81582235 errors:86 dropped:0 overruns:0 frame:0
          TX packets:332003 errors:0 dropped:0 overruns:0 carrier:0
          collisions:0 txqueuelen:1000
          RX bytes:2026633248 (2.0 GB)  TX bytes:66581679 (66.5 MB)
          Interrupt:19 Base address:0x2000

lo        Link encap:Local Loopback
          inet addr:127.0.0.1  Mask:255.0.0.0
          inet6 addr: ::1/128 Scope:Host
          UP LOOPBACK RUNNING  MTU:16436  Metric:1
          RX packets:175921 errors:0 dropped:0 overruns:0 frame:0
          TX packets:175921 errors:0 dropped:0 overruns:0 carrier:0
          collisions:0 txqueuelen:0
          RX bytes:52449906 (52.4 MB)  TX bytes:52449906 (52.4 MB)

0
>>> packet[IP].src = "192.168.1.112"
>>>
```

图　1-83

```
>>> packet[IP].dst = "192.168.1.100"
>>> packet.show()
###[ Ethernet ]###
  dst= 00:0c:29:78:c0:e4
  src= 00:0c:29:4e:c7:10
  type= 0x800
###[ IP ]###
     version= 4
     ihl= None
     tos= 0x0
     len= None
     id= 1
     flags=
     frag= 0
     ttl= 64
     proto= ip
     chksum= 0x0
     src= 192.168.1.112
     dst= 192.168.1.100
     options= ''
>>>
```

图　1-84

第十二步：打开 Wireshark 工具，并设置过滤条件，如图 1-85 所示。

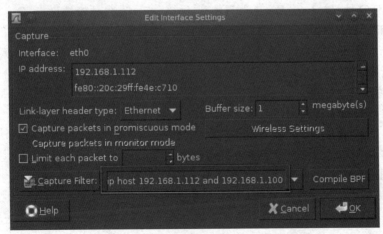

图　1-85

第十三步：使用 sendp（）函数发送 packet 对象，如图 1-86 所示。

```
>>> sendp(packet)
.
Sent 1 packets.
>>>
```

图　1-86

第十四步：对照基础知识对 Wireshark 捕获到的 packet 对象进行分析，如图 1-87 所示。

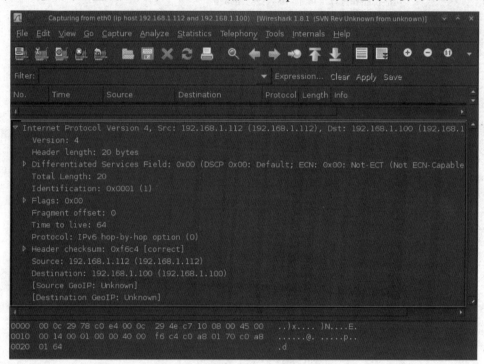

图　1-87

✎ 习　　题

1. TCP/IP 中的 IP 是指（　　　）。

A. WTO 协议　　　　　B. 互联网协议　　　　C. 文件传输协议　　　D. 文件控制协议

2. 关于 IP，错误的是（　　　）。

A. IP 规定了 IP 地址的具体格式　　　　　　　B. IP 规定了 IP 地址与其域名的对应关系

C. IP 规定了 IP 数据报的具体格式　　　　　　D. IP 规定了 IP 数据报的分片和重组原则

3. 以下关于 IP 的陈述，正确的是（　　　）。

A. IP 保证数据传输的可靠性

B. 各个 IP 数据报之间是互相关连的

C. IP 在传输过程中可能会丢弃某些数据报

D. 到达目标主机的 IP 数据报顺序与发送的顺序必定一致

4. IP 数据报中协议字段的用途是（　　　）。

A. 为 3 层协议编号，类似于端口号　　　　　　B. 确定在 IP 数据报内传送的第 4 层协议

C. 改变其他协议以便它们能被 IP 使用　　　　　D. 允许动态地产生源协议

5. 对于 MTU 分片的说法，错误的是（　　　）。

A. 标志（flag）占 3 位，目前只有 2 位有意义

B. 标志字段中 MF=1 代表后面还有分片

C. 标志字段中 DF=0 代表不能分片

D. 片偏移占 13 位

6. 请描述 IP 的主要特点。

1.6　互联网控制报文协议（ICMP）

学习目标

理解 ICMP 的概念，13 种报文格式的区别与功能，能识别 IP 报文中的各个字段作用。

1.6.1　互联网控制报文协议（ICMP）基础知识

ICMP（Internet Control Message Protocol，互联网控制报文协议）的数据报格式如图 1-88 所示。

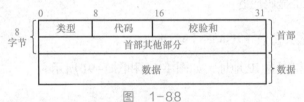

图　1-88

各种 ICMP 报文的前 32 位都是 3 个长度固定的字段：类型字段（8 位）、代码字段（8 位）、校验和字段（16 位）。

8 位类型和 8 位代码字段：一起决定了 ICMP 报文的类型。常见的有：

类型 8、代码 0：回射请求。

类型 0、代码 0：回射应答。

类型 11、代码 0：超时。

16 位校验和字段：包括数据在内的整个 ICMP 数据包的校验和，其计算方法和 IP 头部校验和的计算方法是一样的。

ICMP 请求和应答报文头部格式如图 1-89 所示。

对于 ICMP 请求和应答报文，接下来是 16 位标识符字段：用于标识本 ICMP 进程。最后是 16 位序列号字段：用于判断应答数据报。

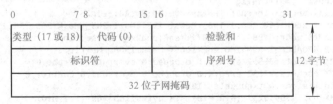

图　1-89

ICMP 报文包含在 IP 数据报中，属于 IP 报文的一个部分，IP 头部就在 ICMP 报文的前面，

一个 ICMP 报文包括 IP 头部（20 字节）、ICMP 头部（8 字节）和 ICMP 报文，IP 头部的 Protocol 值为 1 就说明这是一个 ICMP 报文，ICMP 头部中的类型（Type）域用于说明 ICMP 报文的作用及格式，此外还有代码（Code）域用于详细说明某种 ICMP 报文的类型。

所有数据都在 ICMP 头部后面。RFC 定义了 13 种 ICMP 报文格式，具体如下：

类型代码	类型描述
0	响应应答（ECHO-REPLY）
3	不可到达
4	源抑制
5	重定向
8	响应请求（ECHO-REQUEST）
11	超时
12	参数失灵
13	时间戳请求
14	时间戳应答
15	信息请求（*已作废）
16	信息应答（*已作废）
17	地址掩码请求
18	地址掩码应答

1.6.2 互联网控制报文协议（ICMP）实训

第一步：为各主机配置 IP 地址，如图 1-90 和图 1-91 所示。

Ubuntu Linux：

IPA：192.168.1.112/24。

```
root@bt:~# ifconfig eth0 192.168.1.112 netmask 255.255.255.0
root@bt:~# ifconfig
eth0      Link encap:Ethernet  HWaddr 00:0c:29:4e:c7:10
          inet addr:192.168.1.112  Bcast:192.168.1.255  Mask:255.255.255.0
          inet6 addr: fe80::20c:29ff:fe4e:c710/64 Scope:Link
          UP BROADCAST RUNNING MULTICAST  MTU:1500  Metric:1
          RX packets:311507 errors:0 dropped:0 overruns:0 frame:0
          TX packets:281506 errors:0 dropped:0 overruns:0 carrier:0
          collisions:0 txqueuelen:1000
          RX bytes:21621597 (21.6 MB)  TX bytes:62822798 (62.8 MB)
```

图 1-90

CentOS Linux：

IPB：192.168.1.100/24。

```
[root@localhost ~]# ifconfig eth0 192.168.1.100 netmask 255.255.255.0
[root@localhost ~]# ifconfig
eth0      Link encap:Ethernet  HWaddr 00:0C:29:A0:3E:A2
          inet addr:192.168.1.100  Bcast:192.168.1.255  Mask:255.255.255.0
          inet6 addr: fe80::20c:29ff:fea0:3ea2/64 Scope:Link
          UP BROADCAST RUNNING MULTICAST  MTU:1500  Metric:1
          RX packets:35532 errors:0 dropped:0 overruns:0 frame:0
          TX packets:27052 errors:0 dropped:0 overruns:0 carrier:0
          collisions:0 txqueuelen:1000
          RX bytes:9413259 (8.9 MiB)  TX bytes:1836269 (1.7 MiB)
          Interrupt:59 Base address:0x2000
```

图 1-91

第二步：从渗透测试主机开启 Python 解释器，如图 1-92 所示。

```
root@bt:~# python3.3
Python 3.3.2 (default, Jul  1 2013, 16:37:01)
[GCC 4.4.3] on linux
Type "help", "copyright", "credits" or "license" for more information.
```

图　1-92

第三步：在渗透测试主机 Python 解释器中导入 Scapy 库，如图 1-93 所示。

```
Type "help", "copyright", "credits" or "license" for more information.
>>> from scapy.all import *
WARNING: No route found for IPv6 destination :: (no default route?)
>>>
```

图　1-93

第四步：查看 Scapy 库中支持的类，如图 1-94 所示。

```
>>> ls()
ARP          : ARP
ASN1_Packet : None
BOOTP        : BOOTP
CookedLinux : cooked linux
DHCP         : DHCP options
DHCP6        : DHCPv6 Generic Message)
DHCP6OptAuth : DHCP6 Option - Authentication
DHCP6OptBCMCSDomains : DHCP6 Option - BCMCS Domain Name List
DHCP6OptBCMCSServers : DHCP6 Option - BCMCS Addresses List
DHCP6OptClientFQDN : DHCP6 Option - Client FQDN
DHCP6OptClientId : DHCP6 Client Identifier Option
DHCP6OptDNSDomains : DHCP6 Option - Domain Search List option
DHCP6OptDNSServers : DHCP6 Option - DNS Recursive Name Server
DHCP6OptElapsedTime : DHCP6 Elapsed Time Option
DHCP6OptGeoConf :
DHCP6OptIAAddress : DHCP6 IA Address Option (IA_TA or IA_NA suboption)
```

图　1-94

第五步：在 Scapy 库支持的类中找到 Ethernet 类，如图 1-95 所示。

第六步：实例化 Ethernet 类的一个对象，对象的名称为 eth，如图 1-96 所示。

```
Dot11ReassoReq : 802.11 Reassociation Request
Dot11ReassoResp : 802.11 Reassociation Response
Dot11WEP    : 802.11 WEP packet
Dot1Q       : 802.1Q
Dot3        : 802.3
EAP         : EAP
EAPOL       : EAPOL
Ether       : Ethernet
GPRS        : GPRSdummy
GRE         : GRE
HAO         : Home Address Option
HBHOptUnknown : Scapy6 Unknown Option
HCI_ACL_Hdr : HCI ACL header
HCI_Hdr     : HCI header
HDLC        : None
HSRP        : HSRP
ICMP        : ICMP
ICMPerror   : ICMP in ICMP
```

```
>>>
>>> eth = Ether()
>>>
```

图　1-95　　　　　　　　　　　　　图　1-96

第七步：查看对象 eth 的属性，如图 1-97 所示。

```
>>> eth.show()
###[ Ethernet ]###
WARNING: Mac address to reach destination not found. Using broadcast.
  dst= ff:ff:ff:ff:ff:ff
  src= 00:00:00:00:00:00
  type= 0x0
>>>
```

图　1-97

第八步：实例化 IP 类的一个对象，对象的名称为 ip，并查看对象 ip 的各个属性，如图

1–98 所示。

第九步：实例化 ICMP 类的一个对象，对象的名称为 icmp，并查看对象 icmp 的各个属性，如图 1–99 所示。

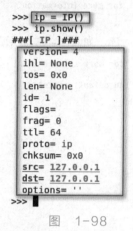

```
>>> ip = IP()
>>> ip.show()
###[ IP ]###
  version= 4
  ihl= None
  tos= 0x0
  len= None
  id= 1
  flags=
  frag= 0
  ttl= 64
  proto= ip
  chksum= 0x0
  src= 127.0.0.1
  dst= 127.0.0.1
  options= ''
>>>
```

图 1–98

```
>>> icmp = ICMP()
>>> icmp.show()
###[ ICMP ]###
  type= echo-request
  code= 0
  chksum= 0x0
  id= 0x0
  seq= 0x0
>>>
```

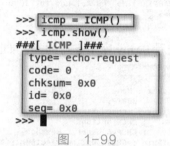

图 1–99

第十步：构造对象 eth、对象 ip、对象 icmp 的复合数据类型 packet，并查看对象 packet 的各个属性，如图 1–100 所示。

第十一步：将本地操作系统的 IP 地址赋值给 packet[IP].src，如图 1–101 所示。

第十二步：将 CentOS 操作系统靶机的 IP 地址赋值给 packet[IP].dst，并查看对象 packet 的各个属性，如图 1–102 所示。

第十三步：打开 Wireshark 工具，并设置过滤条件，如图 1–103 所示。

第十四步：使用 sendp（ ）函数发送 packet 对象，如图 1–104 所示。

第十五步：对照基础知识，对 Wireshark 捕获到的 packet 对象进行分析，如图 1–105 和图 1–106 所示。

第十六步：修改 packet[ICMP].id 和 packet[ICMP].seq 的值，再次使用 sendp（ ）函数将 packet 对象发送，如图 1–107 所示。

```
>>> packet = eth/ip/icmp
>>> packet.show()
###[ Ethernet ]###
  dst= ff:ff:ff:ff:ff:ff
  src= 00:00:00:00:00:00
  type= 0x800
###[ IP ]###
     version= 4
     ihl= None
     tos= 0x0
     len= None
     id= 1
     flags=
     frag= 0
     ttl= 64
     proto= icmp
     chksum= 0x0
     src= 127.0.0.1
     dst= 127.0.0.1
     options= ''
###[ ICMP ]###
        type= echo-request
        code= 0
        chksum= 0x0
        id= 0x0
        seq= 0x0
>>>
```

图 1–100

```
>>> import os
>>> os.system("ifconfig")
eth0      Link encap:Ethernet  HWaddr 00:0c:29:4e:c7:10
          inet addr:192.168.1.112  Bcast:192.168.1.255  Mask:255.255.255.0
          inet6 addr: fe80::20c:29ff:fe4e:c710/64 Scope:Link
          UP BROADCAST RUNNING MULTICAST  MTU:1500  Metric:1
          RX packets:81582235 errors:86 dropped:0 overruns:0 frame:0
          TX packets:332003 errors:0 dropped:0 overruns:0 carrier:0
          collisions:0 txqueuelen:1000
          RX bytes:2026633248 (2.0 GB)  TX bytes:66581679 (66.5 MB)
          Interrupt:19 Base address:0x2000

lo        Link encap:Local Loopback
          inet addr:127.0.0.1  Mask:255.0.0.0
          inet6 addr: ::1/128 Scope:Host
          UP LOOPBACK RUNNING  MTU:16436  Metric:1
          RX packets:175921 errors:0 dropped:0 overruns:0 frame:0
          TX packets:175921 errors:0 dropped:0 overruns:0 carrier:0
          collisions:0 txqueuelen:0
          RX bytes:52449906 (52.4 MB)  TX bytes:52449906 (52.4 MB)

0
>>> packet[IP].src = "192.168.1.112"
>>>
```

图　1-101

```
>>> packet[IP].dst = "192.168.1.100"
>>> packet.show()
###[ Ethernet ]###
  dst= 00:0c:29:78:c0:e4
  src= 00:0c:29:4e:c7:10
  type= 0x800
###[ IP ]###
     version= 4
     ihl= None
     tos= 0x0
     len= None
     id= 1
     flags=
     frag= 0
     ttl= 64
     proto= icmp
     chksum= 0x0
     src= 192.168.1.112
     dst= 192.168.1.100
     options= ''
###[ ICMP ]###
        type= echo-request
        code= 0
        chksum= 0x0
        id= 0x0
        seq= 0x0
```

图　1-102

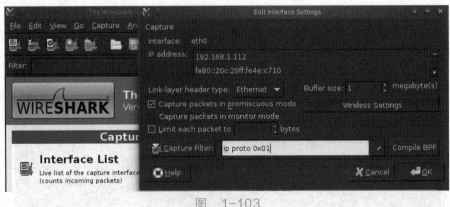

图　1-103

```
>>> sendp(packet)
.
.
Sent 1 packets.
>>>
```

图　1-104

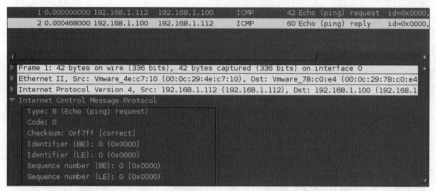

图 1-105

```
      1 0.000000000 192.168.1.112   192.168.1.100      ICMP      42 Echo (ping) request  id=0x0000,
      2 0.000468000 192.168.1.100   192.168.1.112      ICMP      60 Echo (ping) reply    id=0x0000,

▷ Frame 2: 60 bytes on wire (480 bits), 60 bytes captured (480 bits) on interface 0
▷ Ethernet II, Src: Vmware_78:c0:e4 (00:0c:29:78:c0:e4), Dst: Vmware_4e:c7:10 (00:0c:29:4e:c7:10
▷ Internet Protocol Version 4, Src: 192.168.1.100 (192.168.1.100), Dst: 192.168.1.112 (192.168.1
▽ Internet Control Message Protocol
    Type: 0 (Echo (ping) reply)
    Code: 0
    Checksum: 0xffff [correct]
    Identifier (BE): 0 (0x0000)
    Identifier (LE): 0 (0x0000)
    Sequence number (BE): 0 (0x0000)
    Sequence number (LE): 0 (0x0000)

0000  00 0c 29 4e c7 10 00 0c  29 78 c0 e4 08 00 45 00   ..)N....)x....E.
0010  00 1c 4a 57 00 00 40 01  ac 65 c0 a8 01 64 c0 a8   ..JW..@. .e...d..
0020  01 70 00 00 ff ff 00 00  00 00 00 00 00 00 00 00   .p..............
0030  00 00 00 00 00 00 00 00  00 00 00 00               ........ ....
```

图 1-106

```
>>> packet[ICMP].id = 0x1
>>> packet[ICMP].seq = 0x2
>>> sendp(packet)
.
Sent 1 packets.
>>> █
```

图 1-107

第十七步：对照基础知识对 Wireshark 捕获到的 packet 对象进行分析，对比第十五步分析的结果，如图 1-108 和图 1-109 所示。

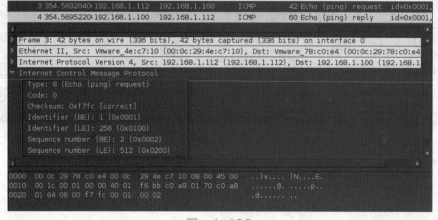

图 1-108

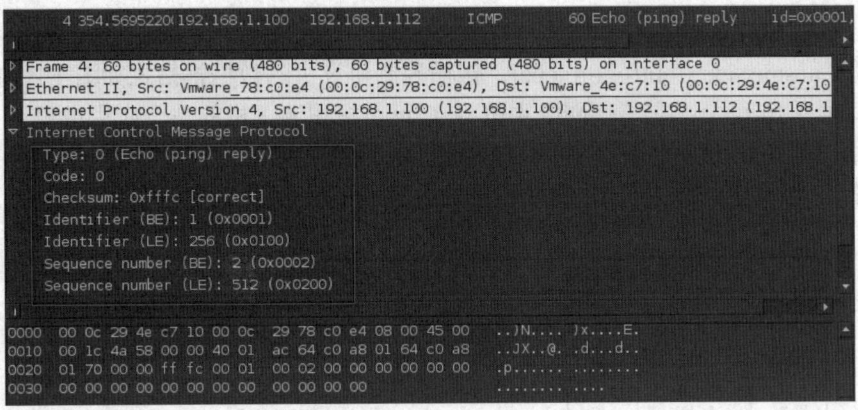

图 1-109

习 题

1. ICMP报文的类型很多，由ICMP报文中的（　　）字段区分，可以将ICMP报文分为（　　）、（　　）、（　　）三大类型。

2. 关于ICMP，下面的论述中正确的是（　　）。

   A. 通过ICMP可以找到与MAC地址对应的IP地址

   B. 通过ICMP可以把全局IP地址转换为本地IP地址

   C. ICMP用于动态分配IP地址

   D. ICMP可传送IP通信过程中出现的错误信息

3. 下列对网际控制协议（ICMP）描述中，错误的是（　　）。

   A. ICMP封装在IP数据报的数据部分　　　B. ICMP消息的传输是可靠的

   C. ICMP是IP的必需的一个部分　　　D. ICMP可用来进行拥塞控制

4. 下列关于ICMP报文的说法中，错误的是（　　）。

   A. ICMP报文封装在LLC帧中发送

   B. ICMP报文用于报告IP数据报发送错误

   C. ICMP报文封装在IP数据报中发送

   D. ICMP报文本身出错将不再处理

5. PING程序依靠（　　）知道丢包。

   A. ICMP报文的时间戳　　　B. ICMP响应报文的序列号

   C. ICMP请求报文的序列号　　　D. 进程号

6. ICMP的作用是什么？

7. 什么是路由跟踪？

1.7 传输控制协议（TCP）

学习目标

理解TCP传输原理，TCP报文及字段的作用。深入了解三次握手流程与对应报文在流程中的作用。通过抓包验证ACK校验过程。

1.7.1 传输控制协议（TCP）基础知识

TCP（Transmission Control Protocol，传输控制协议）的数据报格式如图 1-110 所示。

源端口号（16 位）：它（连同源主机 IP 地址）标识源主机的一个应用进程。

目的端口号（16 位）：它（连同目的主机 IP 地址）标识目的主机的一个应用进程。这两个值加上 IP 报头中的源主机 IP 地址和目的主机 IP 地址唯一确定一个 TCP 连接。

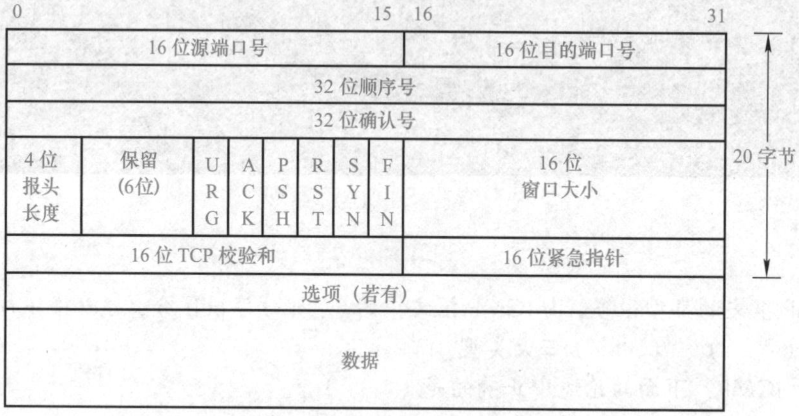

0 15	16 31
16 位源端口号	16 位目的端口号

4 位报头长度	保留（6位）	U R G	A C K	P S H	R S T	S Y N	F I N	16 位窗口大小

（上表为 TCP 报头格式示意，另含：32 位顺序号、32 位确认号、16 位 TCP 校验和、16 位紧急指针、选项（若有）、数据；右侧标注 20 字节）

图 1-110

顺序号（32 位）：用来标识从 TCP 源端向 TCP 目的端发送的数据字节流，它表示在这个报文段中的第一个数据字节的顺序号。如果将字节流看成在两个应用程序间的单向流动，则 TCP 用顺序号对每个字节进行计数。序号是 32 位的无符号数，序号到达 $2^{32}-1$ 后又从 0 开始。当建立一个新的连接时，SYN 标志变 1，顺序号字段包含由这个主机选择的该连接的初始顺序号 ISN（Initial Sequence Number）。

确认号（32 位）：包含发送确认的一端所期望收到的下一个顺序号。因此，确认序号应当是上次已成功收到数据字节的顺序号加 1。只有 ACK 标志为 1 时确认序号字段才有效。TCP 为应用层提供全双工服务，数据能在两个方向上独立地进行传输。因此，连接的每一端必须保持每个方向上的传输数据顺序号。

报头长度（4 位）：给出报头中 32 位的数目，它实际上指明数据从哪里开始。需要这个值是因为任选字段的长度是可变的。这个字段占 4 位，因此 TCP 最多有 60 字节的首部。当没有任选字段时，正常的长度是 20 字节。

保留位（6 位）：保留给将来使用，目前必须置为 0。

控制位（6 位）：在 TCP 报头中有 6 个标志位，它们中的多个可同时被设置为 1。依次为：

① URG：为 1 表示紧急指针有效，为 0 则忽略紧急指针值。

② ACK：为 1 表示确认号有效，为 0 表示报文中不包含确认信息，忽略确认号字段。

③ PSH：为 1 表示是带有 PUSH 标志的数据，指示接收方应该尽快将这个报文段交给应用层而不用等待缓冲区装满。

④ RST：用于复位由于主机崩溃或其他原因而出现错误的连接。它还可以用于拒绝非法的报文段和拒绝连接请求。一般情况下，如果收到一个 RST 为 1 的报文，那么一定发生了某些问题。

⑤ SYN：同步序号，为 1 表示连接请求，用于建立连接和使顺序号同步（synchronize）。

⑥ FIN：用于释放连接，为 1 表示发送方已经没有数据发送了，即关闭本方数据流。

窗口大小（16 位）：数据字节数，表示从确认号开始，本报文的源方可以接收的字节数，即源方接收窗口大小。窗口大小是一个 16 位的字段，因而窗口大小最大为 65 535 字节。

TCP 校验和（16 位）：此校验和是对整个的 TCP 报文段，包括 TCP 头部和 TCP 数据，以 16 位字进行计算所得。这是一个强制性的字段，必须由发送端计算和存储并由接收端进行验证。

紧急指针（16 位）：只有当 URG 标志置 1 时紧急指针才有效。紧急指针是一个正的偏移量，和顺序号字段中的值相加表示紧急数据最后一个字节的序号。TCP 的紧急方式是发送端向另一端发送紧急数据的一种方式。

选项：最常见的可选字段是最长报文大小，又称为 MSS（Maximum Segment Size）。每个连接方通常都在通信的第一个报文段（为建立连接而设置 SYN 标志的那个段）中指明这个选项，它指明本端所能接收的最大长度的报文段。选项长度不一定是 32 的整数倍，所以要加填充位，使得报头长度成为整字数。

数据：TCP 报文段中的数据部分是可选的。在一个连接建立和一个连接终止时，双方交换的报文段仅有 TCP 首部。如果一方没有数据要发送，则使用没有任何数据的首部来确认收到的数据。在处理超时的许多情况中，也会发送不带任何数的报文段。

图 1–111 所示为请求端（通常称为客户）发送一个 SYN 报文段（SYN 为 1）指明客户打算连接的服务器的端口以及初始顺序号（ISN）。

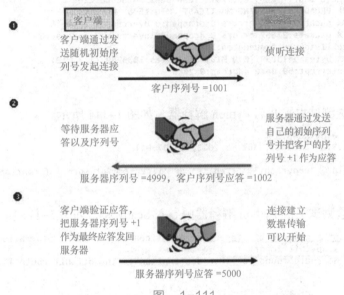

图　1–111

服务器发回包含服务器的初始顺序号（ISN）的 SYN 报文段（SYN 为 1）作为应答。同时，将确认号设置为客户的 ISN 加 1 以对客户的 SYN 报文段进行确认（ACK 也为 1）。

客户必须将确认号设置为服务器的 ISN 加 1 以对服务器的 SYN 报文段进行确认（ACK 为 1），该报文通知目的主机双方已完成连接的建立。

三次握手协议可以完成两个重要功能：它确保连接双方做好传输准备，并使双方统一初始顺序号。初始顺序号是在握手期间传输顺序号并获得确认：当一端为建立连接而发送它的 SYN 时，它为连接选择一个初始顺序号；每个报文段都包括了顺序号字段和确认号字段，这使得两台机器仅使用三个握手报文就能协商好各自的数据流的顺序号。一般来说，ISN 随时间而变化，因此每个连接都将具有不同的 ISN。

1.7.2　传输控制协议（TCP）实训

第一步：为各主机配置 IP 地址，如图 1–112 和图 1–113 所示。

Ubuntu Linux：

IPA：192.168.1.112/24。

```
root@bt:~# ifconfig eth0 192.168.1.112 netmask 255.255.255.0
root@bt:~# ifconfig
eth0      Link encap:Ethernet  HWaddr 00:0c:29:4e:c7:10
          inet addr:192.168.1.112  Bcast:192.168.1.255  Mask:255.255.255.0
          inet6 addr: fe80::20c:29ff:fe4e:c710/64 Scope:Link
          UP BROADCAST RUNNING MULTICAST  MTU:1500  Metric:1
          RX packets:311507 errors:0 dropped:0 overruns:0 frame:0
          TX packets:281506 errors:0 dropped:0 overruns:0 carrier:0
          collisions:0 txqueuelen:1000
          RX bytes:21621597 (21.6 MB)  TX bytes:62822798 (62.8 MB)
```

图　1-112

CentOS Linux：

IPB：192.168.1.100/24。

```
[root@localhost ~]# ifconfig eth0 192.168.1.100 netmask 255.255.255.0
[root@localhost ~]# ifconfig
eth0      Link encap:Ethernet  HWaddr 00:0C:29:A0:3E:A2
          inet addr:192.168.1.100  Bcast:192.168.1.255  Mask:255.255.255.0
          inet6 addr: fe80::20c:29ff:fea0:3ea2/64 Scope:Link
          UP BROADCAST RUNNING MULTICAST  MTU:1500  Metric:1
          RX packets:35532 errors:0 dropped:0 overruns:0 frame:0
          TX packets:27052 errors:0 dropped:0 overruns:0 carrier:0
          collisions:0 txqueuelen:1000
          RX bytes:9413259 (8.9 MiB)  TX bytes:1836269 (1.7 MiB)
          Interrupt:59 Base address:0x2000
```

图　1-113

第二步：从渗透测试主机开启 Python 解释器，如图 1-114 所示。

```
root@bt:~# python3.3
Python 3.3.2 (default, Jul  1 2013, 16:37:01)
[GCC 4.4.3] on linux
Type "help", "copyright", "credits" or "license" for more information.
```

图　1-114

第三步：在渗透测试主机 Python 解释器中导入 Scapy 库，如图 1-115 所示。

```
Type "help", "copyright", "credits" or "license" for more information.
>>> from scapy.all import *
WARNING: No route found for IPv6 destination :: (no default route?)
>>> ▮
```

图　1-115

第四步：查看 Scapy 库中支持的类，如图 1-116 所示。

```
>>> ls()
ARP        : ARP
ASN1_Packet : None
BOOTP      : BOOTP
CookedLinux : cooked linux
DHCP       : DHCP options
DHCP6      : DHCPv6 Generic Message)
DHCP6OptAuth : DHCP6 Option - Authentication
DHCP6OptBCMCSDomains : DHCP6 Option - BCMCS Domain Name List
DHCP6OptBCMCSServers : DHCP6 Option - BCMCS Addresses List
DHCP6OptClientFQDN : DHCP6 Option - Client FQDN
DHCP6OptClientId : DHCP6 Client Identifier Option
DHCP6OptDNSDomains : DHCP6 Option - Domain Search List option
DHCP6OptDNSServers : DHCP6 Option - DNS Recursive Name Server
DHCP6OptElapsedTime : DHCP6 Elapsed Time Option
DHCP6OptGeoConf :
DHCP6OptIAAddress : DHCP6 IA Address Option (IA_TA or IA_NA suboption)
```

图　1-116

第五步：在 Scapy 库支持的类中找到 Ethernet 类，如图 1–117 所示。

```
Dot11ReassoReq  : 802.11 Reassociation Request
Dot11ReassoResp : 802.11 Reassociation Response
Dot11WEP    : 802.11 WEP packet
Dot1Q       : 802.1Q
Dot3        : 802.3
EAP         : EAP
EAPOL       : EAPOL
Ether       : Ethernet
GPRS        : GPRSdummy
GRE         : GRE
HAO         : Home Address Option
HBHOptUnknown : Scapy6 Unknown Option
HCI_ACL_Hdr : HCI ACL header
HCI_Hdr     : HCI header
HDLC        : None
HSRP        : HSRP
ICMP        : ICMP
ICMPerror   : ICMP in ICMP
```

图　1–117

第六步：实例化 Ethernet 类的一个对象，对象的名称为 eth，如图 1–118 所示。

图　1–118

第七步：查看对象 eth 的各属性，如图 1–119 所示。

```
>>> eth.show()
###[ Ethernet ]###
WARNING: Mac address to reach destination not found. Using broadcast.
  dst= ff:ff:ff:ff:ff:ff
  src= 00:00:00:00:00:00
  type= 0x0
>>>
```

图　1–119

第八步：实例化 IP 类的一个对象，对象的名称为 ip，并查看对象 ip 的各个属性，如图 1–120 所示。

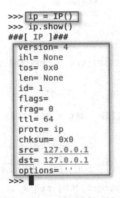

图　1–120

第九步：实例化 TCP 类的一个对象，对象的名称为 tcp，并查看对象 tcp 的各个属性，如图 1–121 所示。

第十步：将对象联合 eth、ip、tcp 构造为复合数据类型 packet，并查看 packet 的各个属性，如图 1–122 所示。

第十一步：将 packet[IP].src 赋值为本地操作系统的 IP 地址，如图 1–123 所示。

第十二步：将 packet[IP].dst 赋值为 CentOS 靶机的 IP 地址，如图 1-124 所示。

```
>>> tcp = TCP()
>>> tcp.show()
###[ TCP ]###
  sport= ftp_data
  dport= www
  seq= 0
  ack= 0
  dataofs= None
  reserved= 0
  flags= S
  window= 8192
  chksum= 0x0
  urgptr= 0
  options= {}
>>> █
```

图 1-121

```
>>> packet = eth/ip/tcp
>>> packet.show()
###[ Ethernet ]###
  dst= ff:ff:ff:ff:ff:ff
  src= 00:00:00:00:00:00
  type= 0x800
###[ IP ]###
     version= 4
     ihl= None
     tos= 0x0
     len= None
     id= 1
     flags=
     frag= 0
     ttl= 64
     proto= tcp
     chksum= 0x0
     src= 127.0.0.1
     dst= 127.0.0.1
     options= ''
###[ TCP ]###
        sport= ftp_data
        dport= www
        seq= 0
        ack= 0
        dataofs= None
        reserved= 0
        flags= S
        window= 8192
        chksum= 0x0
```

图 1-122

```
>>> packet[IP].src = "192.168.1.112"
>>> █
```

图 1-123

```
>>> packet[IP].dst = "192.168.1.100"
>>> █
```

图 1-124

第十三步：将 packet[TCP].seq 赋值为 100，packet[TCP].ack 赋值为 200，如图 1-125 所示。

```
>>> packet[TCP].seq = 10
>>> packet[TCP].ack = 20
>>>
>>>
>>> █
```

图 1-125

第十四步：将 packet[TCP].sport 赋值为 int 类型的数据 1028，packet[TCP].dport 赋值为 int 类型的数据 22，并查看当前 packet 的各个属性，如图 1-126 ～图 1-128 所示。

```
>>> packet[TCP].sport = 1028
```

图　1-126

```
>>> packet[TCP].dport = 22
>>> packet.show()
```

图　1-127

```
>>> packet.show()
###[ Ethernet ]###
  dst= 00:0c:29:78:c0:e4
  src= 00:0c:29:4e:c7:10
  type= 0x800
###[ IP ]###
     version= 4
     ihl= None
     tos= 0x0
     len= None
     id= 1
     flags=
     frag= 0
     ttl= 64
     proto= tcp
     chksum= 0x0
     src= 192.168.1.112
     dst= 192.168.1.100
     options= ''
###[ TCP ]###
        sport= 1028
        dport= ssh
        seq= 10
        ack= 20
        dataofs= None
        reserved= 0
        flags= S
        window= 8192
        chksum= 0x0
        urgptr= 0
```

图　1-128

第十五步：打开 Wireshark 程序，并设置过滤条件，如图 1-129 所示。

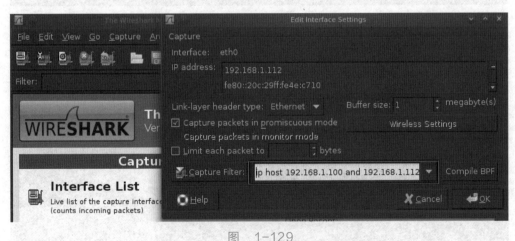

图　1-129

第十六步：通过 srp1( )函数发送 packet，并查看函数返回结果。返回结果为复合数据类型，

43

存放靶机 CentOS 返回的对象。

第十七步：查看 Wireshark 捕获到的 Packet 对象，对照基础知识分析 TCP 请求和应答的过程，注意第三次握手为 RST，此时 Ubuntu 系统（BackTrack5）并未开放端口 1028。

1）SYN，如图 1-130 所示。

2）SYN、ACK，如图 1-131 所示。

3）RST，如图 1-132 所示。

```
Transmission Control Protocol, Src Port: 1028 (1028), Dst Port: ssh (22), Seq: 0, Len: 0
    Source port: 1028 (1028)
    Destination port: ssh (22)
    [Stream index: 0]
    Sequence number: 0    (relative sequence number)
  ▷ Acknowledgment Number: 0x00000014 [should be 0x00000000 because ACK flag is not set]
    Header length: 20 bytes
  ▷ Flags: 0x002 (SYN)
    Window size value: 8192
    [Calculated window size: 8192]
  ▽ Checksum: 0x0786 [validation disabled]

0000  00 0c 29 78 c0 e4 00 0c  29 4e c7 10 08 00 45 00   ..)x.... )N....E.
0010  00 28 00 01 00 00 40 06  f6 aa c0 a8 01 70 c0 a8   .(....@. .....p..
0020  01 64 04 04 00 16 00 00  00 0a 00 00 00 14 50 02   .d...... ......P.
0030  20 00 07 86 00 00                                    .....
```

图 1-130

```
Transmission Control Protocol, Src Port: ssh (22), Dst Port: 1028 (1028), Seq: 0, Ack: 1, Len:
    Source port: ssh (22)
    Destination port: 1028 (1028)
    [Stream index: 0]
    Sequence number: 0    (relative sequence number)
    Acknowledgment number: 1    (relative ack number)
    Header length: 24 bytes
  ▷ Flags: 0x012 (SYN, ACK)
    Window size value: 5840
    [Calculated window size: 5840]
  ▽ Checksum: 0x5b43 [validation disabled]

0000  00 0c 29 4e c7 10 00 0c  29 78 c0 e4 08 00 45 00   ..)N.... )x....E.
0010  00 2c 00 00 40 00 40 06  b6 a7 c0 a8 01 64 c0 a8   .,..@.@. .....d..
0020  01 70 00 16 04 04 c2 32  db 86 00 00 00 0b 60 12   .p.....2 ......`.
0030  16 d0 5b 43 00 00 02 04  05 b4 00 00               ..[C.... ....
```

图 1-131

```
Transmission Control Protocol, Src Port: 1028 (1028), Dst Port: ssh (22), Seq: 1, Len: 0
    Source port: 1028 (1028)
    Destination port: ssh (22)
    [Stream index: 0]
    Sequence number: 1    (relative sequence number)
    Header length: 20 bytes
  ▷ Flags: 0x004 (RST)
    Window size value: 0
    [Calculated window size: 0]
    [Window size scaling factor: -2 (no window scaling used)]
  ▽ Checksum: 0x2797 [validation disabled]

0000  00 0c 29 78 c0 e4 00 0c  29 4e c7 10 08 00 45 00   ..)x.... )N....E.
0010  00 28 00 00 40 00 40 06  b6 ab c0 a8 01 70 c0 a8   .(..@.@. .....p..
0020  01 64 04 04 00 16 00 00  00 0b 00 00 00 00 50 04   .d...... ......P.
0030  00 00 27 97 00 00                                    ..'...
```

图 1-132

✐ 习　题

1. 下面关于 TCP 和 UDP 的描述中，正确的是（　　）。
　　A. TCP、UDP 均是面向连接的　　　　B. TCP、UDP 均是无连接的
　　C. TCP 面向连接，UDP 是无连接的　　D. UDP 面向连接，TCP 是无连接的

2. 关于 TCP/IP 协议的描述中，正确的是（　　）。
　　A. TCP 是传输控制协议
　　B. TCP/IP 中只有 TCP 和 IP
　　C. IP 是网络互联协议
　　D. TCP/IP 中，除了 TCP 和 IP，还包括许多其他的协议

3. TCP 三次握手用于（　　）。
　　A. TCP 连接的建立　　　　　　　　　B. TCP 的流量控制
　　C. TCP 的拥塞控制　　　　　　　　　D. TCP 的差错检测

4. 当使用 TCP 进行数据传输时，如果接收方通知了一个 800 字节的窗口值，那么发送方可以发送（　　）。
　　A. 长度为 2000 字节的 TCP 包　　　　B. 长度为 1500 字节的 TCP 包
　　C. 长度为 1000 字节的 TCP 包　　　　D. 长度为 500 字节的 TCP 包

5. TCP/IP 的通信过程是（　　）。
　　A. ——SYN/ACK——→，←——ACK，——SYN/ACK——→
　　B. ——SYN/ACK——→，←——SYN/ACK——，——ACK——→
　　C. ——SYN——→，←——ACK，——SYN——→，←——ACK——
　　D. ——SYN——→，←——SYN/ACK——，——ACK——→

6. 请介绍一下 TCP 建立连接和终止连接的过程。

7. 请简述三次握手建立连接时，发送方再次发送确认的必要性。

1.8　用户数据报协议（UDP）

学习目标

理解 UDP 传输原理，UDP 报文及字段作用。了解 UDP 与 TCP 报文及功能上的区别。通过抓包查看 UDP 传输过程。

1.8.1　用户数据报协议（UDP）基础知识

UDP（User Datagram Protocol，用户数据报协议）是定义用来在互联网环境中提供数据报交换的计算机通信的协议。此协议默认是 IP 下层协议。它提供了向另一用户程序发送信息的最简便的协议机制，不需要连接确认和保护复制，所以在软件实现上比较简单，需要的内存空间比 TCP 小。

UDP 包头由 4 个域组成，其中每个域各占用两个字节。

45

1）源端口号（16 位）：UDP 数据包的发送方使用的端口号。

2）目标端口号（16 位）：UDP 数据包的接收方使用的端口号。UDP 使用端口号为不同的应用保留其各自的数据传输通道。UDP 和 RAP 正是采用这一机制，实现对同一时刻内多项应用同时发送和接收数据的支持。

3）数据包长度（16 位）。数据包的长度是指包括包头和数据部分在内的总的字节数。理论上，包含包头在内的数据包的最大长度为 65 535 字节。不过，一些实际应用往往会限制数据包的大小，有时会降低到 8192 字节。

4）校验值（16 位）。UDP 使用包头中的校验值来保证数据的安全。

1.8.2 用户数据报协议（UDP）实训

第一步：为各主机配置 IP 地址，如图 1-133 和图 1-134 所示。

Ubuntu Linux：

IPA：192.168.1.112/24。

```
root@bt:~# ifconfig eth0 192.168.1.112 netmask 255.255.255.0
root@bt:~# ifconfig
eth0      Link encap:Ethernet  HWaddr 00:0c:29:4e:c7:10
          inet addr:192.168.1.112  Bcast:192.168.1.255  Mask:255.255.255.0
          inet6 addr: fe80::20c:29ff:fe4e:c710/64 Scope:Link
          UP BROADCAST RUNNING MULTICAST  MTU:1500  Metric:1
          RX packets:311507 errors:0 dropped:0 overruns:0 frame:0
          TX packets:281506 errors:0 dropped:0 overruns:0 carrier:0
          collisions:0 txqueuelen:1000
          RX bytes:21621597 (21.6 MB)  TX bytes:62822798 (62.8 MB)
```

图 1-133

CentOS Linux：

IPB：192.168.1.100/24。

```
[root@localhost ~]# ifconfig eth0 192.168.1.100 netmask 255.255.255.0
[root@localhost ~]# ifconfig
eth0      Link encap:Ethernet  HWaddr 00:0C:29:A0:3E:A2
          inet addr:192.168.1.100  Bcast:192.168.1.255  Mask:255.255.255.0
          inet6 addr: fe80::20c:29ff:fea0:3ea2/64 Scope:Link
          UP BROADCAST RUNNING MULTICAST  MTU:1500  Metric:1
          RX packets:35532 errors:0 dropped:0 overruns:0 frame:0
          TX packets:27052 errors:0 dropped:0 overruns:0 carrier:0
          collisions:0 txqueuelen:1000
          RX bytes:9413259 (8.9 MiB)  TX bytes:1836269 (1.7 MiB)
          Interrupt:59 Base address:0x2000
```

图 1-134

第二步：从渗透测试主机开启 Python 解释器，如图 1-135 所示。

```
root@bt:~# python3.3
Python 3.3.2 (default, Jul  1 2013, 16:37:01)
[GCC 4.4.3] on linux
Type "help", "copyright", "credits" or "license" for more information.
```

图 1-135

第三步：在渗透测试主机 Python 解释器中导入 Scapy 库，如图 1-136 所示。

第四步：查看 Scapy 库中支持的类，如图 1-137 所示。

第五步：在 Scapy 库支持的类中找到 Ethernet 类，如图 1-138 所示。

```
Type "help", "copyright", "credits" or "license" for more information.
>>> from scapy.all import *
WARNING: No route found for IPv6 destination :: (no default route?)
>>>
```

图 1-136

```
>>> ls()
ARP          : ARP
ASN1_Packet : None
BOOTP        : BOOTP
CookedLinux  : cooked linux
DHCP         : DHCP options
DHCP6        : DHCPv6 Generic Message)
DHCP6OptAuth : DHCP6 Option - Authentication
DHCP6OptBCMCSDomains : DHCP6 Option - BCMCS Domain Name List
DHCP6OptBCMCSServers : DHCP6 Option - BCMCS Addresses List
DHCP6OptClientFQDN : DHCP6 Option - Client FQDN
DHCP6OptClientId : DHCP6 Client Identifier Option
DHCP6OptDNSDomains : DHCP6 Option - Domain Search List option
DHCP6OptDNSServers : DHCP6 Option - DNS Recursive Name Server
DHCP6OptElapsedTime : DHCP6 Elapsed Time Option
DHCP6OptGeoConf :
DHCP6OptIAAddress : DHCP6 IA Address Option (IA_TA or IA_NA suboption)
```

图 1-137

```
Dot11ReassoReq : 802.11 Reassociation Request
Dot11ReassoResp : 802.11 Reassociation Response
Dot11WEP     : 802.11 WEP packet
Dot1Q        : 802.1Q
Dot3         : 802.3
EAP          : EAP
EAPOL        : EAPOL
Ether        : Ethernet
GPRS         : GPRSdummy
GRE          : GRE
HAO          : Home Address Option
HBHOptUnknown : Scapy6 Unknown Option
HCI_ACL_Hdr  : HCI ACL header
HCI_Hdr      : HCI header
HDLC         : None
HSRP         : HSRP
ICMP         : ICMP
ICMPerror    : ICMP in ICMP
```

图 1-138

第六步：实例化 Ethernet 类的一个对象，对象的名称为 eth，如图 1-139 所示。

第七步：查看对象 eth 的各属性，如图 1-140 所示。

```
>>>
>>> eth = Ether()
>>>
```

图 1-139

```
>>> eth.show()
###[ Ethernet ]###
WARNING: Mac address to reach destination not found. Using broadcast.
  dst= ff:ff:ff:ff:ff:ff
  src= 00:00:00:00:00:00
  type= 0x0
>>>
```

图 1-140

第八步：实例化 IP 类的一个对象，对象的名称为 ip，并查看对象 ip 的各个属性，如图 1-141 所示。

```
>>> ip = IP()
>>> ip.show()
###[ IP ]###
  version= 4
  ihl= None
  tos= 0x0
  len= None
  id= 1
  flags=
  frag= 0
  ttl= 64
  proto= ip
  chksum= 0x0
  src= 127.0.0.1
  dst= 127.0.0.1
  options= ''
>>>
```

图 1-141

第九步：实例化 UDP 类的一个对象，对象的名称为 udp，并查看对象 udp 的各个属性，如图 1-142 所示。

第十步：将对象联合 eth、ip、udp 构造为复合数据类型 packet，并查看 packet 的各个属性，如图 1-143 所示。

```
>>> packet = eth/ip/udp
>>> packet.show()
###[ Ethernet ]###
  dst= ff:ff:ff:ff:ff:ff
  src= 00:00:00:00:00:00
  type= 0x800
###[ IP ]###
     version= 4
     ihl= None
     tos= 0x0
     len= None
     id= 1
     flags=
     frag= 0
     ttl= 64
     proto= udp
     chksum= 0x0
     src= 127.0.0.1
     dst= 127.0.0.1
     options= ''
###[ UDP ]###
        sport= domain
        dport= domain
        len= None
        chksum= 0x0
```

```
>>> udp = UDP()
>>>
>>>
>>> udp.show()
###[ UDP ]###
  sport= domain
  dport= domain
  len= None
  chksum= 0x0
>>>
```

图 1-142   图 1-143

第十一步：将 packet[IP].src 赋值为本地操作系统的 IP 地址，如图 1-144 所示。

第十二步：将 packet[IP].dst 赋值为 CentOS 靶机的 IP 地址，如图 1-145 所示。

```
>>> packet[IP].src = "192.168.1.112"
>>>
```

```
>>> packet[IP].dst = "192.168.1.100"
>>>
```

图 1-144   图 1-145

第十三步：将 packet[UDP].sport 赋值为 int 类型的数据 1029，packet[UDP].dport 赋值为 int 类型的数据 1030，并查看当前 packet 的各个属性，如图 1-146 所示。

```
>>> packet[UDP].sport = 1029
>>> packet[UDP].dport = 1030
>>> packet.show()
###[ Ethernet ]###
  dst= 00:0c:29:78:c0:e4
  src= 00:0c:29:4e:c7:10
  type= 0x800
###[ IP ]###
     version= 4
     ihl= None
     tos= 0x0
     len= None
     id= 1
     flags=
     frag= 0
     ttl= 64
     proto= udp
     chksum= 0x0
     src= 192.168.1.112
     dst= 192.168.1.100
     options= ''
###[ UDP ]###
        sport= 1029
        dport= 1030
        len= None
        chksum= 0x0
>>>
```

图 1-146

第十四步：打开 Wireshark 程序，并设置过滤条件，如图 1-147 所示。

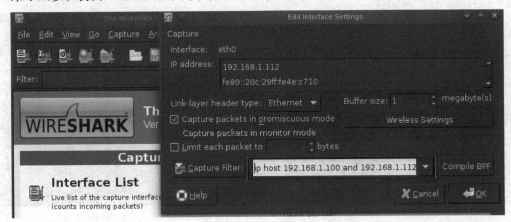

图 1-147

第十五步：使用 srp1（ ）函数发送 packet，并查看函数返回结果，返回结果为复合数据类型，存放靶机 CentOS 返回的对象，如图 1-148 所示。

```
>>> P = srp1(packet)
Begin emission:
.Finished to send 1 packets.
*
Received 2 packets, got 1 answers, remaining 0 packets
>>> P
<Ether  dst=00:0c:29:4e:c7:10 src=00:0c:29:78:c0:e4 type=0x800 |<IP  version=4L ihl=5
L tos=0xc0 len=56 id=27077 flags= frag=0L ttl=64 proto=icmp chksum=0x8c1b src=192.168
.1.100 dst=192.168.1.112 options='' |<ICMP  type=dest-unreach code=3 chksum=0x813b un
used=0 |<IPerror  version=4L ihl=5L tos=0x0 len=28 id=1 flags= frag=0L ttl=64 proto=u
dp chksum=0xf6ab src=192.168.1.112 dst=192.168.1.100 options='' |<UDPerror  sport=102
9 dport=1030 len=8 chksum=0x73ae |>>>>>
>>>
```

图 1-148

第十六步：查看 Wireshark 捕获到的 Packet 对象，对照基础知识分析 UDP 请求和应答的过程，注意，针对 UDP 请求，应答为 ICMP 对象，因为安装 CentOS 操作系统的靶机并未开放 UDP 1030 端口服务。

1）UDP 请求，如图 1-149 所示。

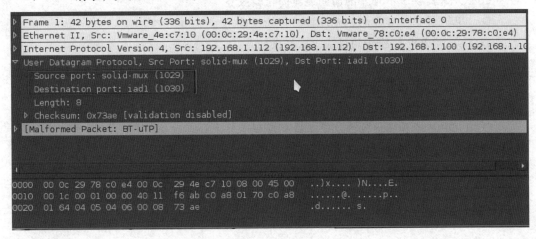

图 1-149

2）应答，如图 1-150 所示。

```
Internet Protocol Version 4, Src: 192.168.1.100 (192.168.1.100), Dst: 192.168.1.112 (192.168.1
Internet Control Message Protocol
   Type: 3 (Destination unreachable)
   Code: 3 (Port unreachable)
   Checksum: 0x813b [correct]
Internet Protocol Version 4, Src: 192.168.1.112 (192.168.1.112), Dst: 192.168.1.100 (192.168
User Datagram Protocol, Src Port: solid-mux (1029), Dst Port: iad1 (1030)
   Source port: solid-mux (1029)
   Destination port: iad1 (1030)
   Length: 8
   Checksum: 0x73ae [validation disabled]

0000  00 0c 29 4e c7 10 00 0c  29 78 c0 e4 08 00 45 c0   ..)N.... )x....E.
0010  00 38 69 c5 00 00 40 01  8c 1b c0 a8 01 64 c0 a8   .8i...@. .....d..
0020  01 70 03 03 81 3b 00 00  00 00 45 00 00 1c 00 01   .p...;.. ..E.....
0030  00 00 40 11 f6 ab c0 a8  01 70 c0 a8 01 64 04 05   ..@..... .p...d..
```

图 1-150

习 题

1. 为什么 UDP 连通性无法测试？（　　）
   A. UDP 端口随机生成
   B. UDP 是无状态单向连接
   C. UDP 可以直接测试
   D. UDP 端口不可达

2. 下列选项中，（　　）是用于计算 UDP 检验和字段值的，不属于 UDP 数据报的内容。
   A. UDP 伪首部
   B. UDP 数据部分
   C. UDP 长度字段
   D. UDP 源端口号

3. UDP 数据报首部不包含（　　）。
   A. UDP 源端口号
   B. UDP 校验和
   C. UDP 目的端口号
   D. UDP 数据报首部长度

4. 关于 UDP 的说法中，正确的是（　　）。
   A. UDP 是网络层协议
   B. UDP 使用 IP 地址在机器之间传送报文
   C. UDP 提供了不可靠的面向连接的传输服务
   D. UDP 提供了可靠的、无连接的传输服务

5. 以下关于 UDP 校验和的说法中，错误的是（　　）。
   A. UDP 的校验和功能不是必需的，可以不使用
   B. 如果 UDP 校验和计算结果为 0，则在校验和字段填充 0
   C. UDP 校验和字段的计算包括一个伪首部、UDP 首部和携带的用户数据
   D. UDP 校验和的计算方法是二进制反码运算求和再取反

6. 请简单描述 TCP 和 UDP 有什么区别？

7. UDP 为什么不可靠？

1.9 动态主机配置协议（DHCP）

学习目标

理解 DHCP 功能概念，DHCP 获取地址的流程，该流程中各报文的作用。通过抓包验证查看 DCHP 报文交互流程。

1.9.1 动态主机配置协议（DHCP）基础知识

DHCP（Dynamic Host Configuration Protocol，动态主机配置协议）使用 UDP 工作，采用 67（DHCP 服务器端）和 68（DHCP 客户端）两个端口号。546 号端口用于 DHCPv6 Client，而不用于 DHCPv4，是为 DHCP failover 服务的。

DHCP 客户端向 DHCP 服务器发送的报文称为 DHCP 请求报文，而 DHCP 服务器向 DHCP 客户端发送的报文称为 DHCP 应答报文。

DHCP 采用 C/S（客户端 / 服务器）模式，可以为客户机自动分配 IP 地址、子网掩码以及默认网关、DNS 服务器的 IP 地址等，并能够提升 IP 地址的使用率。

1. DHCP 报文种类

DHCP 一共有 8 种报文，分别为 DHCP Discover、DHCP Offer、DHCP Request、DHCP ACK、DHCP NAK、DHCP Release、DHCP Decline、DHCP Inform。各种类型报文的基本功能如下。

（1）DHCP Discover

DHCP 客户端在请求 IP 地址时并不知道 DHCP 服务器的位置，因此 DHCP 客户端会在本地网络内以广播方式发送 Discover 请求报文，以发现网络中的 DHCP 服务器。所有收到 Discover 报文的 DHCP 服务器都会发送应答报文，DHCP 客户端据此可以知道网络中存在的 DHCP 服务器的位置。

（2）DHCP Offer

DHCP 服务器收到 Discover 报文后，就会在所配置的地址池中查找一个合适的 IP 地址，加上相应的租约期限和其他配置信息（如网关、DNS 服务器等），构造一个 Offer 报文，发送给 DHCP 客户端，告知用户本服务器可以为其提供 IP 地址。但这个报文只是告诉 DHCP 客户端可以提供 IP 地址，最终还需要客户端通过 ARP 来检测该 IP 地址是否重复。

（3）DHCP Request

DHCP 客户端可能会收到很多 Offer 请求报文，所以必须在这些应答中选择一个。通常是选择第一个 Offer 应答报文的服务器作为自己的目标服务器，并向该服务器发送一个广播的 Request 请求报文，通告选择的服务器，希望获得所分配的 IP 地址。另外，DHCP 客户端在成功获取 IP 地址后，在地址使用租期过去 1/2 时，会向 DHCP 服务器发送单播 Request 请求报文请求续延租约，如果没有收到 ACK 报文，则在租期过去 3/4 时会再次发送广播的 Request 请求报文以请求续延租约。

（4）DHCP ACK

DHCP 服务器收到 Request 请求报文后，根据 Request 报文中携带的用户 MAC 来查找有没有相应的租约记录，如果有则发送 ACK 应答报文，通知用户可以使用分配的 IP 地址。

（5）DHCP NAK

如果 DHCP 服务器收到 Request 请求报文后没有发现有相应的租约记录或者由于某些原

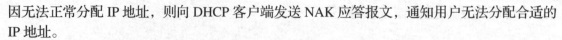

因无法正常分配 IP 地址，则向 DHCP 客户端发送 NAK 应答报文，通知用户无法分配合适的 IP 地址。

（6）DHCP Release

当 DHCP 客户端不再需要使用分配的 IP 地址时，就会主动向 DHCP 服务器发送 Release 请求报文，告知服务器用户不再需要分配 IP 地址，请求 DHCP 服务器释放对应的 IP 地址。

（7）DHCP Decline

DHCP 客户端收到 DHCP 服务器 ACK 应答报文后，通过地址冲突检测发现服务器分配的地址冲突或者由于其他原因导致不能使用，则会向 DHCP 服务器发送 Decline 请求报文，通知服务器所分配的 IP 地址不可用，以期获得新的 IP 地址。

（8）DHCP Inform

DHCP 客户端如果需要从 DHCP 服务器端获取更为详细的配置信息，则向 DHCP 服务器发送 Inform 请求报文；DHCP 服务器在收到该报文后，根据租约查找到相应的配置信息，向 DHCP 客户端发送 ACK 应答报文。目前此类型的报文基本上不用了。

2. DHCP 报文格式

DHCP 服务的 8 种报文的格式是相同的，报文类型的不同只是因为报文中的某些字段取值不同。DHCP 报文格式基于 BOOTP 的报文格式。下面是各字段的说明。

OP：报文的操作类型。分为请求报文和响应报文。1：请求报文，2：响应报文。即 client 送给 server 的封包设为 1，反之为 2。

请求报文：DHCP Discover、DHCP Request、DHCP Release、DHCP Inform 和 DHCP Decline。

响应报文：DHCP Offer、DHCP ACK 和 DHCP NAK。

Htype：DHCP 客户端的 MAC 地址类型。MAC 地址类型其实是指明网络类型，Htype 值为 1 时表示为最常见的以太网 MAC 地址类型。

Hlen：DHCP 客户端的 MAC 地址长度。以太网 MAC 地址长度为 6 字节，即为以太网时 Hlen 值为 6。

Hops：DHCP 报文经过的 DHCP 中继的数目，默认为 0。DHCP 请求报文每经过一个 DHCP 中继，该字段就会增加 1。没有经过 DHCP 中继时值为 0（若数据包需经过 router 传送，每经过 1 站加 1，若在同一网内，则为 0）。

Xid：客户端通过 DHCP Discover 报文发起一次 IP 地址请求时选择的随机数，相当于请求标识，用来标识一次 IP 地址请求过程。在一次请求中所有报文的 Xid 都是一样的。

Secs：DHCP 客户端从获取到 IP 地址或者续约过程开始到现在所消耗的时间，以秒为单位。在没有获得 IP 地址前该字段始终为 0（DHCP 客户端开始 DHCP 请求后所经过的时间。目前尚未使用，固定为 0）。

Flags：标志位，只使用第 0 比特位，是广播响应标识位，用来标识 DHCP 服务器响应报文是采用单播还是广播发送，0 表示采用单播发送方式，1 表示采用广播发送方式。其余位尚未使用（即从 0～15 位，最左 1 位为 1 时表示 server 将以广播方式传送封包给 client）。

注意：在客户端正式分配了 IP 地址之前的第一次 IP 地址请求过程中，所有 DHCP 报文都是以广播方式发送的，包括客户端发送的 DHCP Discover 和 DHCP Request 报文，以及 DHCP 服务器发送的 DHCP Offer、DHCP ACK 和 DHCP NAK 报文。当然，如果是由 DHCP

中继器转发的报文，则都是以单播方式发送的。另外，IP 地址续约、IP 地址释放的相关报文都是采用单播方式进行发送的。

Ciaddr：DHCP 客户端的 IP 地址。仅在 DHCP 服务器发送的 ACK 报文中显示，在其他报文中均显示 0，因为在得到 DHCP 服务器确认前，DHCP 客户端还没有分配到 IP 地址。只有客户端是 Bound、Renew、Rebinding 状态并且能响应 ARP 请求时，才能被填充。

Yiaddr：DHCP 服务器分配给客户端的 IP 地址。仅在 DHCP 服务器发送的 Offer 和 ACK 报文中显示，其他报文中显示为 0。

Siaddr：下一个为 DHCP 客户端分配 IP 地址等信息的 DHCP 服务器 IP 地址。仅在 DHCP Offer、DHCP ACK 报文中显示，其他报文中显示为 0（用于 bootstrap 过程中的 IP 地址）。

Giaddr：DHCP 客户端发出请求报文后经过的第一个 DHCP 中继的 IP 地址。如果没有经过 DHCP 中继，则显示为 0（转发代理（网关）IP 地址）。

Chaddr：DHCP 客户端的 MAC 地址。在每个报文中都会显示对应 DHCP 客户端的 MAC 地址。

Sname：为 DHCP 客户端分配 IP 地址的 DHCP 服务器名称（DNS 域名格式）。在 Offer 和 ACK 报文中显示发送报文的 DHCP 服务器名称，其他报文显示为 0。

File：DHCP 服务器为 DHCP 客户端指定的启动配置文件名称及路径信息。仅在 DHCP Offer 报文中显示，其他报文中显示为空。

Options：可选项字段，长度可变，格式为"代码 + 长度 + 数据"。

列出部分可选的选项：

代码 1

长度（字节）：4。

说明：子网掩码。

代码 3

长度：长度可变，必须是 4 个字节的倍数。

说明：默认网关（可以是一个路由器 IP 地址列表）。

代码 6

长度：长度可变，必须是 4 个字节的整数倍。

说明：DNS 服务器（可以是一个 DNS 服务器 IP 地址列表）。

代码 15

长度：长度可变。

说明：域名称（主 DNS 服务器名称）。

代码 44

长度：长度可变，必须是 4 个字节的整数倍。

说明：WINS 服务器（可以是一个 WINS 服务器 IP 列表）。

代码 51

长度：4。

说明：有效租约期（以秒为单位）。

代码 53

长度：1。

说明：报文类型，如下。

① DHCP Discover；

② DHCP Offer；

③ DHCP Request；

④ DHCP Decline；

⑤ DHCP ACK；

⑥ DHCP NAK；

⑦ DHCP Release；

⑧ DHCP Inform。

代码 58

长度：4。

说明：续约时间。

1.9.2　动态主机配置协议（DHCP）实训

第一步：配置服务器的 IP 地址。

配置服务器的 IP 地址为 202.100.1.20，如图 1-151 所示。

第二步：打开 Wireshark 程序，并配置过滤条件，如图 1-152 所示。

第三步：验证客户机获得服务器 DHCP 服务分配的 IP 地址。

第四步：打开 Wireshark，对照基础知识验证如下数据对象。

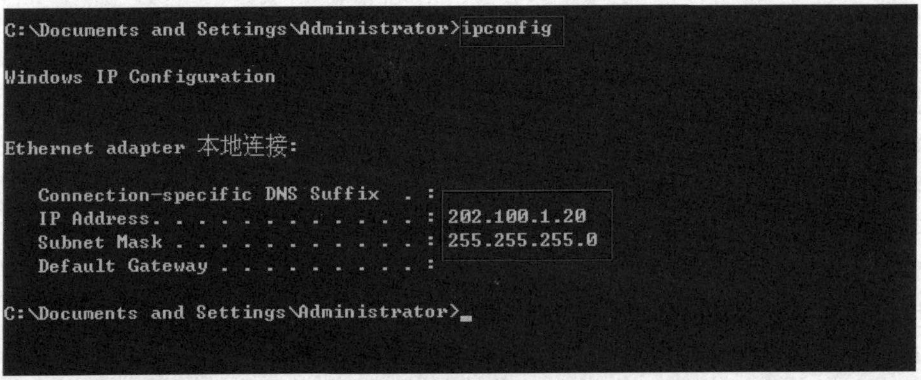

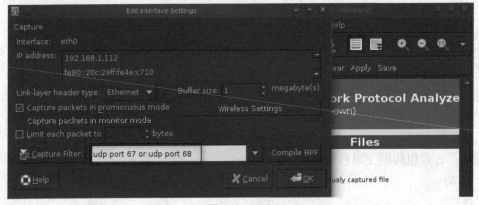

图　1-151

图　1-152

1）客户机向其所在的网络发送 DHCP Discover 数据包，用于请求这个终端所使用的 IP 地址，如图 1-153 所示。

```
= Bootstrap Protocol
   Message type: Boot Request (1)
   Hardware type: Ethernet
   Hardware address length: 6
   Hops: 0
   Transaction ID: 0x89eba190
   Seconds elapsed: 3584
 ⊞ Bootp flags: 0x0000 (Unicast)
   Client IP address: 0.0.0.0 (0.0.0.0)
   Your (client) IP address: 0.0.0.0 (0.0.0.0)
   Next server IP address: 0.0.0.0 (0.0.0.0)
   Relay agent IP address: 0.0.0.0 (0.0.0.0)
   Client MAC address: 00:0c:29:8f:46:42 (Vmware_8f:46:42)
   Server host name not given
   Boot file name not given
   Magic cookie: (OK)
   Option 53: DHCP Message Type = DHCP Discover
   Option 116: DHCP Auto-Configuration (1 bytes)
 ⊞ Option 61: Client identifier
   Option 50: Requested IP Address = 202.100.1.10
   Option 12: Host Name = "acer-5006335e97"
   Option 60: Vendor class identifier = "MSFT 5.0"
 ⊞ Option 55: Parameter Request List
   Option 43: Vendor-Specific Information (2 bytes)
   End Option
```

图　1-153

从这个包可以看出，用户终端没有任何 IP 地址，为 0.0.0.0，但是它通过一个 Client MAC 地址向 DHCP 服务器申请 IP 地址。

2）DHCP 服务器收到这个请求，会为用户终端回送 DHCP Offer，如图 1-154 所示。

```
⊟ Bootstrap Protocol
   Message type: Boot Reply (2)
   Hardware type: Ethernet
   Hardware address length: 6
   Hops: 0
   Transaction ID: 0x89eba190
   Seconds elapsed: 0
 ⊞ Bootp flags: 0x0000 (Unicast)
   Client IP address: 0.0.0.0 (0.0.0.0)
   Your (client) IP address: 202.100.1.100 (202.100.1.100)
   Next server IP address: 202.100.1.20 (202.100.1.20)
   Relay agent IP address: 0.0.0.0 (0.0.0.0)
   Client MAC address: 00:0c:29:8f:46:42 (Vmware_8f:46:42)
   Server host name not given
   Boot file name not given
   Magic cookie: (OK)
   Option 53: DHCP Message Type = DHCP Offer
   Option 1: Subnet Mask = 255.255.255.0
   Option 58: Renewal Time Value = 4 days
   Option 59: Rebinding Time Value = 7 days
   Option 51: IP Address Lease Time = 8 days
   Option 54: Server Identifier = 202.100.1.20
   Option 3: Router = 202.100.1.1
   Option 6: Domain Name Server = 202.106.0.20
   End Option
   Padding
```

图　1-154

从这个包可以看出，DHCP 服务器为用户终端的 MAC 分配的 IP 地址为 202.100.1.100，并且这个 IP 携带了一些选项，例如，子网掩码、网关、DNS、DHCP 服务器 IP、租期等信息。

3）用户终端收到这个 Offer 以后，确认需要使用这个 IP 地址，会向 DHCP 服务器继续发送 DHCP Request，如图 1-155 所示。

```
⊟ Bootstrap Protocol
   Message type: Boot Request (1)
   Hardware type: Ethernet
   Hardware address length: 6
   Hops: 0
   Transaction ID: 0x89eba190
   Seconds elapsed: 3584
 ⊞ Bootp flags: 0x0000 (Unicast)
   Client IP address: 0.0.0.0 (0.0.0.0)
   Your (client) IP address: 0.0.0.0 (0.0.0.0)
   Next server IP address: 0.0.0.0 (0.0.0.0)
   Relay agent IP address: 0.0.0.0 (0.0.0.0)
   Client MAC address: 00:0c:29:8f:46:42 (Vmware_8f:46:42)
   Server host name not given
   Boot file name not given
   Magic cookie: (OK)
   Option 53: DHCP Message Type = DHCP Request
 ⊞ Option 61: Client identifier
   Option 50: Requested IP Address = 202.100.1.100
   Option 54: Server Identifier = 202.100.1.20
   Option 12: Host Name = "acer-5006335e97"
 ⊞ Option 81: FQDN
   Option 60: Vendor class identifier = "MSFT 5.0"
 ⊞ Option 55: Parameter Request List
   Option 43: Vendor-Specific Information (3 bytes)
   End Option
```

图　1-155

从这个包可以看出，用户终端请求 IP 地址为 202.100.1.100。

4）DHCP 服务器再次收到来自这个用户终端的请求，会回送 DHCP ACK 包进行确认。至此，用户终端获得 DHCP 服务器为其分配的 IP 地址，如图 1-156 所示。

```
⊟ Bootstrap Protocol
   Message type: Boot Reply (2)
   Hardware type: Ethernet
   Hardware address length: 6
   Hops: 0
   Transaction ID: 0x89eba190
   Seconds elapsed: 0
 ⊞ Bootp flags: 0x0000 (Unicast)
   Client IP address: 0.0.0.0 (0.0.0.0)
   Your (client) IP address: 202.100.1.100 (202.100.1.100)
   Next server IP address: 0.0.0.0 (0.0.0.0)
   Relay agent IP address: 0.0.0.0 (0.0.0.0)
   Client MAC address: 00:0c:29:8f:46:42 (Vmware_8f:46:42)
   Server host name not given
   Boot file name not given
   Magic cookie: (OK)
   Option 53: DHCP Message Type = DHCP ACK
   Option 58: Renewal Time Value = 4 days
   Option 59: Rebinding Time Value = 7 days
   Option 51: IP Address Lease Time = 8 days
   Option 54: Server Identifier = 202.100.1.20
   Option 1: Subnet Mask = 255.255.255.0
 ⊞ Option 81: FQDN
   Option 3: Router = 202.100.1.1
   Option 6: Domain Name Server = 202.106.0.20
   End Option
   Padding
```

图　1-156

✎ 习　题

1. DHCP 客户端向 DHCP 服务器发送（　　　）报文进行 IP 租约的更新。

　　A. DHCP Request　　　B. DHCP Release　　　C. DHCP Inform

　　D. DHCP Decline　　　E. DHCP ACK　　　　　F. DHCP Offer

2. 下面是 DHCP 工作的 4 种消息，正确的顺序应该是（　　　）。

　　① DHCP Discovery　　② DHCP Offer ③ DHCP Request　　④ DHCP Ack

　　A. ①③②④　　　　B. ①②③④　　　　C. ②①③④　　　　D. ②③①④

3. 当 DHCP 客户端收到服务器的 DHCP Offer 报文时，要回复（　　　）报文。

    A. DHCP Release   B. DHCP Request   C. DHCP Offer   D. DHCP ACK

4. DHCP 客户端收到 DHCP ACK 报文后，如果发现自己即将使用的 IP 地址已经存在于网络中，那么它将向 DHCP 服务器发送什么报文？（　　　）

    A. DHCP Request   B. DHCP Release   C. DHCP Inform   D. DHCP Decline

5. 如果 DHCP 客户端发送给 DHCP 中继的 DHCP Discovery 报文中的广播标志位置 0，那么 DHCP 中继回应 DHCP 客户端的 DHCP Offer 报文采用（　　　）。

    A. unicast   B. broadcast   C. multicast   D. anycast

6. 简述 DHCP 的工作流程。

7. DHCP 报文类型有哪几种？

1.10　域名系统（DNS）

学习目标

理解 DNS 的功能概念，URL 的作用与地址解析流程，DNS 协议各字段的作用。通过抓包验证查看 DNS 解析时报文的交互流程。

1.10.1　域名系统（DNS）基础知识

（1）DNS 基本概念

DNS（Domain Name System，域名系统）是互联网上作为域名和 IP 地址相互映射的一个分布式数据库，能够使用户更方便地访问互联网，而不用去记住能够被机器直接读取的 IP 数串。通过主机名，最终得到该主机名对应的 IP 地址的过程叫域名解析（或主机名解析）。

（2）DNS 协议流程

DNS 协议运行在 TCP 或者 UDP 之上，使用 53 端口。DNS 在进行区域传输的时候使用 TCP（区域传输指的是一台备用服务器使用来自主服务器的数据同步自己的域数据库），其他时候则使用 UDP。

查询过程：客户向 DNS 服务器的 53 端口发送 UDP/TCP 报文，DNS 服务器收到后进行处理，并把结果记录仍以 UDP/TCP 报文的形式返回过来。

这里主要讨论使用 UDP 报文进行 DNS 查询的流程。

DNS 协议格式，如图 1-157 所示。

ID：2 字节，标识符，通过随机数标识该请求。

Flags：2 字节，标志位设置。

第 1 位：msg 类型，0 为请求（query），1 为响应（response）。

第 2～5 位：opcode，查询种类，0000 表示标准 query。

第 6 位：是否为权威应答（应答时才有意义）。

第 7 位：因为一个 UDP 报文为 512 字节，所以该位指示是否截断超过的部分。

第 8 位：是否请求递归（这个比特位被请求设置，应答的时候使用相同的值返回）。

第 9 位：由 DNS 回复返回指定，说明 DNS 服务器是否支持递归查询（这个比特位在应答中设置或取消）。

第 10 ~ 12 位：保留位（设置为 0）。

第 13 ~ 16 位：应答码（0：没有错误，1：格式错误，2：服务器错误，3：名字错误，4：服务器不支持，5：拒绝，6 ~ 15：保留值）。

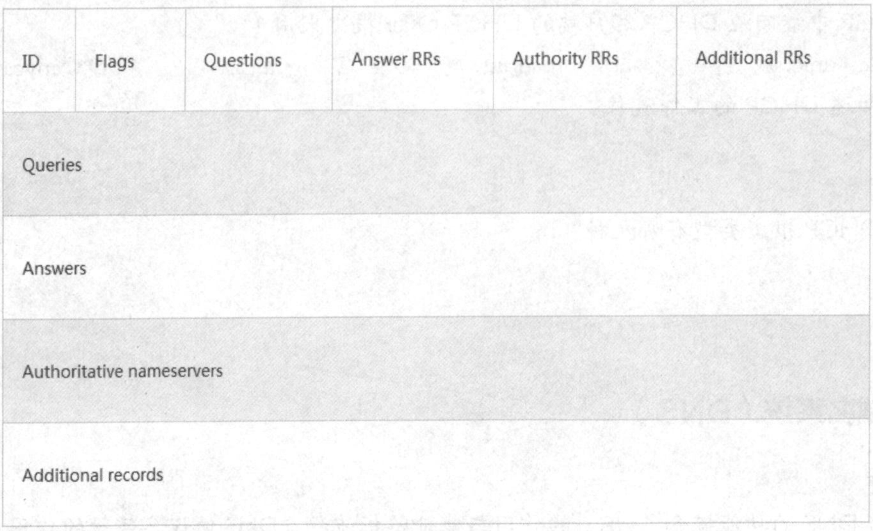

ID	Flags	Questions	Answer RRs	Authority RRs	Additional RRs
Queries					
Answers					
Authoritative nameservers					
Additional records					

图 1-157

Questions：2 字节，报文请求段中的问题记录数。

Answer RRs：2 字节，报文回答段中的回答记录数。

Authority RRs：2 字节，报文授权段中的授权记录数。

Additional RRs：2 字节，报文附加段中的附加记录数。

Queries：查询请求内容（响应时不变即可）。

① Name：不定长，域名（例如，www.baidu.com 须写做 3www5baidu3com0）。

② Type：2 字节，查询的资源记录类型。

③ Class：2 字节，指定信息的协议组。

Answers：查询响应内容，可以有 0 ~ n 条（请求时为空即可）。

① Name：2 字节（压缩编码），指向 name 第一次出现的地址且前两位为 11。

② Type：2 字节，响应类型。

③ Class：2 字节。

④ TTL：4 字节。

⑤ Datalength：2 字节，指接下来的 data 长度，单位为字节。

⑥ Address/CNAME：4 字节地址 / 不定长域名。

Authoritative nameservers：主域名服务器。

① Name：2 字节（压缩编码），指向 name 第一次出现的地址且前两位为 11。

② Type：2 字节，响应类型。此处为 2（NS）。

③ Class：2 字节。

④ TTL：4 字节。

⑤ Datalength：2 字节，指接下来的 data 长度，单位为字节。

⑥ nameserver：6 字节。

Additional records：附加记录。

① Name：2 字节（压缩编码），指向 name 第一次出现的地址且前两位为 11。

② Type：2 字节，响应类型。

③ Class：2 字节，表示类型。

④ TTL：4 字节。

⑤ Datalength：2 字节，指接下来的 data 长度，单位为字节。

⑥ Address：此处为 4 字节地址。

1.10.2　域名系统（DNS）实训

第一步：配置服务器和客户机的 IP 地址，如图 1-158 和图 1-159 所示。

服务器的 IP 地址为 192.168.1.112。

```
C:\Documents and Settings\Administrator>ipconfig

Windows IP Configuration

Ethernet adapter 本地连接:

        Connection-specific DNS Suffix  . :
        IP Address. . . . . . . . . . . . : 192.168.1.112
        Subnet Mask . . . . . . . . . . . : 255.255.255.0
        Default Gateway . . . . . . . . . : 192.168.1.1

C:\Documents and Settings\Administrator>
```

图　1-158

客户机的 IP 地址为 192.168.1.111。

```
命令提示符
Microsoft Windows [版本 5.2.3790]
(C) 版权所有 1985-2003 Microsoft Corp.

C:\Documents and Settings\Administrator>ipconfig

Windows IP Configuration

Ethernet adapter 本地连接:

        Connection-specific DNS Suffix  . :
        IP Address. . . . . . . . . . . . : 192.168.1.111
        Subnet Mask . . . . . . . . . . . : 255.255.255.0
        Default Gateway . . . . . . . . . : 192.168.1.1

C:\Documents and Settings\Administrator>_
```

图　1-159

第二步：进行 DNS 服务器的 IP 配置（注意：此处 DNS 为空；并配置 DNS 服务器的网关，目的是使 DNS 服务器能够访问 Internet，与 Internet 上的 DNS 服务器之间进行递归查询），如图 1-160 所示。

第三步：清空 DNS 服务器的缓存记录，如图 1-161 所示。

第四步：清空客户机的 DNS 缓存记录，如图 1-162 所示。

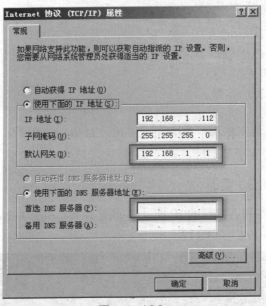

图 1-160

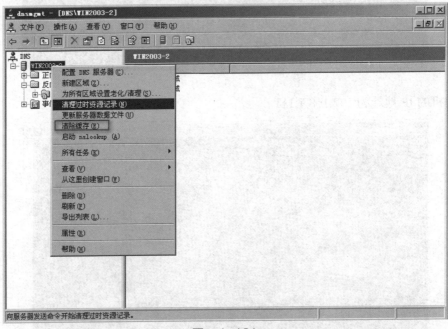

图 1-161

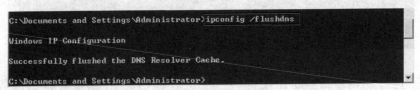

图 1-162

　　第五步：进行客户机的 IP 配置（注意此处网关为空，由于客户机不需要 Internet 访问，DNS 指向 192.168.1.112），如图 1-163 所示。

　　第六步：打开 Wireshark 程序，并配置过滤条件，如图 1-164 所示。

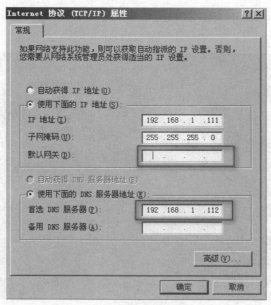

图 1-163

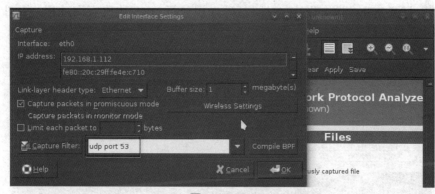

图 1-164

第七步：启动客户机 nslookup 程序，如图 1-165 所示。

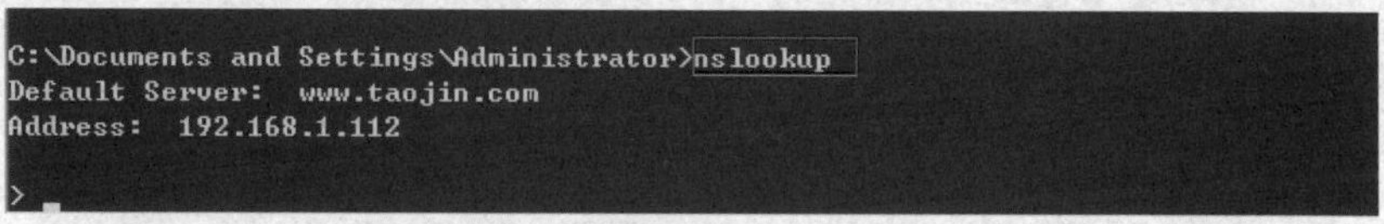

```
C:\Documents and Settings\Administrator>nslookup
Default Server: www.taojin.com
Address: 192.168.1.112

>
```

图 1-165

第八步：解析域名 www.baidu.com，如图 1-166 所示。

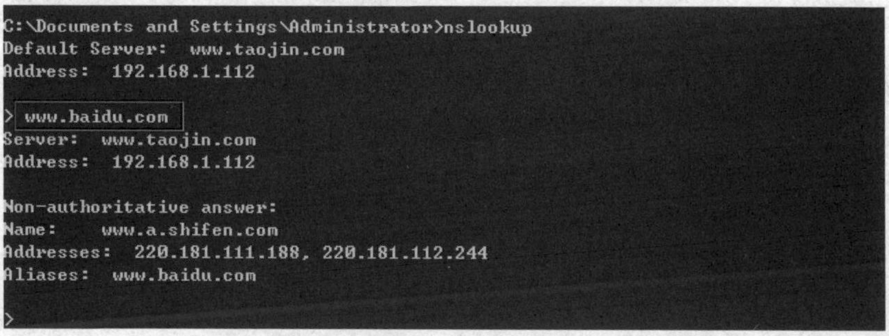

```
C:\Documents and Settings\Administrator>nslookup
Default Server: www.taojin.com
Address: 192.168.1.112

> www.baidu.com
Server: www.taojin.com
Address: 192.168.1.112

Non-authoritative answer:
Name:    www.a.shifen.com
Addresses: 220.181.111.188, 220.181.112.244
Aliases: www.baidu.com

>
```

图 1-166

第九步: 打开 Wireshark 程序, 对照基础知识分析 DNS 递归查询数据对象, 如图 1-167 所示。

```
No.    Time         Source         Destination    Protocol Length Info
     1 0.000000000 192.168.1.111  192.168.1.112  DNS         73 Standard query 0x0002  A w

             .000 0... .... ....  = Opcode: Standard query (0)
             .... ..0. .... ....  = Truncated: Message is not truncated
             .... ...1 .... ....  = Recursion desired: Do query recursively
             .... .... .0.. ....  = Z: reserved (0)
             .... .... ...0 ....  = Non-authenticated data: Unacceptable
         Questions: 1
         Answer RRs: 0
         Authority RRs: 0
         Additional RRs: 0
       ▽ Queries
         ▽ www.baidu.com: type A, class IN
              Name: www.baidu.com
              Type: A (Host address)
              Class: IN (0x0001)

0020  01 70 05 06 00 35 00 27  ba 32 00 02 01 00 00 01   .p...5.' .2......
0030  00 00 00 00 00 00 03 77  77 77 05 62 61 69 64 75   .......w ww.baidu
0040  03 63 6f 6d 00 00 00 01  00  01                    .com.... .
```

图　1-167

第十步: 打开 Wireshark 程序, 对照基础知识分析 DNS 迭代查询过程, 如图 1-168 ～ 图 1-173 所示。

```
Filter:                                          ▼ Expression... Clear Apply Save
No.    Time         Source         Destination    Protocol Length Info
     1 0.000000000 192.168.1.111  192.168.1.112  DNS         73 Standard query 0x0002  A www
     2 0.000013000 192.168.1.112  119.75.219.82  DNS         73 Standard query 0x1429  A www
     3 0.015229000 119.75.219.82  192.168.1.112  DNS        270 Standard query response 0x14
     4 0.015506000 192.168.1.112  202.108.22.220 DNS         76 Standard query 0x1c32  A www
     5 0.041118000 202.108.22.220 192.168.1.112  DNS        246 Standard query response 0x1c
     6 0.041564000 192.168.1.112  119.75.222.17  DNS         76 Standard query 0x1c32  A www
     7 0.064456000 119.75.222.17  192.168.1.112  DNS        278 Standard query response 0x1c
     8 0.064747000 192.168.1.112  192.168.1.111  DNS        132 Standard query response 0x00

             .000 0... .... ....  = Opcode: Standard query (0)
             .... ..0. .... ....  = Truncated: Message is not truncated
             .... ...0 .... ....  = Recursion desired: Don't do query recursively
             .... .... .0.. ....  = Z: reserved (0)
             .... .... ...0 ....  = Non-authenticated data: Unacceptable

0020  db 52 04 02 00 35 00 27  17 89 14 29 00 00 00 01   .R...5.' ...)....
0030  00 00 00 00 00 00 03 77  77 77 05 62 61 69 64 75   .......w ww.baidu
0040  03 63 6f 6d 00 00 00 01  00  01                    .com.... .
```

图　1-168

```
▽ Queries
  ▽ www.baidu.com: type A, class IN
       Name: www.baidu.com
       Type: A (Host address)
       Class: IN (0x0001)
▽ Authoritative nameservers
  ▽ com: type NS, class IN, ns a.gtld-servers.net
       Name: com
       Type: NS (Authoritative name server)
       Class: IN (0x0001)
       Time to live: 2 days
       Data length: 20
       Name Server: a.gtld-servers.net
```

图　1-169

```
▽ Additional records
  ▽ a.gtld-servers.net: type A, class IN, addr 192.5.6.30
      Name: a.gtld-servers.net
      Type: A (Host address)
      Class: IN (0x0001)
      Time to live: 2 days
      Data length: 4
      Addr: 192.5.6.30 (192.5.6.30)
```

图　1-170

```
▽ Queries
  ▽ www.baidu.com: type A, class IN
      Name: www.baidu.com
      Type: A (Host address)
      Class: IN (0x0001)
▽ Authoritative nameservers
  ▽ baidu.com: type NS, class IN, ns dns.baidu.com
      Name: baidu.com
      Type: NS (Authoritative name server)
      Class: IN (0x0001)
      Time to live: 2 days
      Data length: 6
      Name Server: dns.baidu.com
```

图　1-171

```
▽ Queries
  ▽ www.baidu.com: type A, class IN
      Name: www.baidu.com
      Type: A (Host address)
      Class: IN (0x0001)
▽ Answers
  ▽ www.baidu.com: type CNAME, class IN, cname www.a.shifen.com
      Name: www.baidu.com
      Type: CNAME (Canonical name for an alias)
      Class: IN (0x0001)
      Time to live: 20 minutes
      Data length: 15
      Primaryname: www.a.shifen.com
```

图　1-172

```
▽ Queries
  ▽ www.a.shifen.com: type A, class IN
      Name: www.a.shifen.com
      Type: A (Host address)
      Class: IN (0x0001)
▽ Answers
  ▽ www.a.shifen.com: type A, class IN, addr 220.181.111.188
      Name: www.a.shifen.com
      Type: A (Host address)
      Class: IN (0x0001)
      Time to live: 5 minutes
      Data length: 4
      Addr: 220.181.111.188 (220.181.111.188)
```

图　1-173

第十一步：解析域名 www.taojin.com，如图 1-174 所示。

```
> www.taojin.com
Server:  www.taojin.com
Address:  192.168.1.112

Name:    www.taojin.com
Address:  192.168.1.112

>
```

图　1-174

第十二步：打开 Wireshark 程序，对照基础知识分析 DNS 递归查询数据对象，如图 1-175 所示。

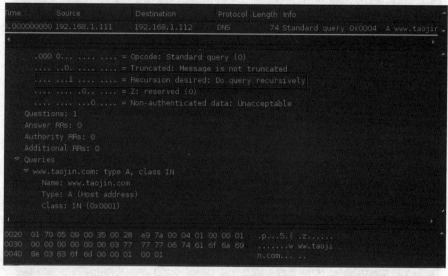

图 1-175

✏ 习　题

1. DNS 的中文含义是（　　），它是用于（　　）和（　　）之间转换的协议。

2. DNS 服务器的默认端口号是（　　）端口。

  A. 50   B. 51

  C. 52   D. 53

3. DNS 协议既可以使用 TCP 又可以使用 UDP。（　　）

  A. 正确   B. 错误

4. 下列关于 DNS 的说法正确的是（　　）。

  A. DNS 服务器与客户端数据的传输采用 TCP 的传输方式

  B. DNS 服务器与服务器之间采用 UDP 的传输方式

  C. DNS 服务器与客户端数据的传输采用 UDP 的传输方式

  D. DNS 服务器与服务器之间采用 TCP 的传输方式

5. DNS 的协议报文通常采用 UDP 进行传送。当报文长度超过（　　）字节时，DNS 报文采用 TCP 发送。

  A. 63   B. 255

  C. 512   D. 1024

6. 域名的作用是什么？

7. 简述域名系统 DNS 的作用是什么？

1.11　路由信息协议（RIP）

　　理解路由信息协议的概念及功能，V1 及 V2 版本的区别，RIP 各字段的作用。通过抓包验证查看 RIP 学习过程中报文的交互流程。

1.11.1　路由信息协议（RIP）基础知识

　　（1）RIP-1 的报文格式

　　RIP（Routing Information Protocol，路由信息协议）报文由头部（Header）和多个路由表项（Route entries）组成。一个 RIP 表项中最多可以有 25 个路由表项。RIP 是基于 UDP 的，所以 RIP 报文的数据包不能超过 512 字节。

　　1）command：长度 8 位，报文类型为 request 报文（负责向邻居请求全部或者部分路由信息）和 reponse 报文（发送自己的全部或部分路由信息）。

　　2）version：长度 8 位，标识 RIP 的版本号。

　　3）must be zero：长度 16 位，规定必须为零字段。

　　4）AFI（Address Family Identifier）：长度 16 位，地址族标识，其值为 2 时表示为 IP。

　　5）IP address：长度 32 位，该路由的目的 IP 地址，只能是自然网段的地址。

　　6）metric：长度 32 位，路由的开销值。

　　（2）RIP-2 的报文格式

　　1）command：同上。

　　2）version：同上。

　　3）must be zero：同上。

　　4）AFI：同上。

　　5）route tag：长度 16 位，外部路由标识。

　　6）IP address：同上。

　　7）subnet mask：32 位，目的地址掩码。

　　8）next hop：32 位，提供一个下一跳的地址。

　　9）metric：同上。

　　（3）RIP-2 的验证报文

　　RIP-2 为了支持报文验证，使用第一个路由表项（route entry）作为验证项，并将 AFI 字段的值设为 0xFFFF 作为标识。

　　1）command：同上。

　　2）version：同上。

　　3）must be zero：16 位，必须为 0.

　　4）authentication type：16 位，验证类型有明文验证和 MD5 验证两种。

　　5）authentication：16 字节，验证字，当使用明文验证时包含了密码信息。

1.11.2　路由信息协议（RIP）实训

　　第一步：为各主机配置 IP 地址，如图 1-176 和图 1-177 所示。

　　Ubuntu Linux：

　　IPA：192.168.1.112/24。

```
root@bt:~# ifconfig eth0 192.168.1.112 netmask 255.255.255.0
root@bt:~# ifconfig
eth0      Link encap:Ethernet  HWaddr 00:0c:29:4e:c7:10
          inet addr:192.168.1.112  Bcast:192.168.1.255  Mask:255.255.255.0
          inet6 addr: fe80::20c:29ff:fe4e:c710/64 Scope:Link
          UP BROADCAST RUNNING MULTICAST  MTU:1500  Metric:1
          RX packets:311507 errors:0 dropped:0 overruns:0 frame:0
          TX packets:281506 errors:0 dropped:0 overruns:0 carrier:0
          collisions:0 txqueuelen:1000
          RX bytes:21621597 (21.6 MB)  TX bytes:62822798 (62.8 MB)
```

图　1-176

CentOS Linux：

IPB：192.168.1.100/24。

```
[root@localhost ~]# ifconfig eth0 192.168.1.100 netmask 255.255.255.0
[root@localhost ~]# ifconfig
eth0      Link encap:Ethernet  HWaddr 00:0C:29:A0:3E:A2
          inet addr:192.168.1.100  Bcast:192.168.1.255  Mask:255.255.255.0
          inet6 addr: fe80::20c:29ff:fea0:3ea2/64 Scope:Link
          UP BROADCAST RUNNING MULTICAST  MTU:1500  Metric:1
          RX packets:35532 errors:0 dropped:0 overruns:0 frame:0
          TX packets:27052 errors:0 dropped:0 overruns:0 carrier:0
          collisions:0 txqueuelen:1000
          RX bytes:9413259 (8.9 MiB)  TX bytes:1836269 (1.7 MiB)
          Interrupt:59 Base address:0x2000
```

图　1-177

第二步：从渗透测试主机开启 Python 解释器，如图 1-178 所示。

```
root@bt:~# python3.3
Python 3.3.2 (default, Jul  1 2013, 16:37:01)
[GCC 4.4.3] on linux
Type "help", "copyright", "credits" or "license" for more information.
```

图　1-178

第三步：在渗透测试主机 Python 解释器中导入 Scapy 库，如图 1-179 所示。

```
Type "help", "copyright", "credits" or "license" for more information.
>>> from scapy.all import *
WARNING: No route found for IPv6 destination :: (no default route?)
>>> ▮
```

图　1-179

第四步：查看 Scapy 库中支持的类，如图 1-180 所示。

```
>>> ls()
ARP          : ARP
ASN1_Packet  : None
BOOTP        : BOOTP
CookedLinux  : cooked linux
DHCP         : DHCP options
DHCP6        : DHCPv6 Generic Message)
DHCP6OptAuth : DHCP6 Option - Authentication
DHCP6OptBCMCSDomains : DHCP6 Option - BCMCS Domain Name List
DHCP6OptBCMCSServers : DHCP6 Option - BCMCS Addresses List
DHCP6OptClientFQDN : DHCP6 Option - Client FQDN
DHCP6OptClientId : DHCP6 Client Identifier Option
DHCP6OptDNSDomains : DHCP6 Option - Domain Search List option
DHCP6OptDNSServers : DHCP6 Option - DNS Recursive Name Server
DHCP6OptElapsedTime : DHCP6 Elapsed Time Option
DHCP6OptGeoConf :
DHCP6OptIAAddress : DHCP6 IA Address Option (IA_TA or IA_NA suboption)
```

图　1-180

第五步：在 Scapy 库支持的类中找到 Ethernet 类，如图 1-181 所示。

```
Dot11ReassoReq : 802.11 Reassociation Request
Dot11ReassoResp : 802.11 Reassociation Response
Dot11WEP   : 802.11 WEP packet
Dot1Q      : 802.1Q
Dot3       : 802.3
EAP        : EAP
EAPOL      : EAPOL
Ether      : Ethernet
GPRS       : GPRSdummy
GRE        : GRE
HAO        : Home Address Option
HBHOptUnknown : Scapy6 Unknown Option
HCI_ACL_Hdr : HCI ACL header
HCI_Hdr    : HCI header
HDLC       : None
HSRP       : HSRP
ICMP       : ICMP
ICMPerror  : ICMP in ICMP
```

图　1-181

第六步：实例化 Ethernet 类的一个对象，对象的名称为 eth，如图 1-182 所示。

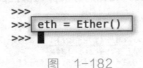

```
>>>
>>> eth = Ether()
>>>
```

图　1-182

第七步：查看对象 eth 的各属性，如图 1-183 所示。

```
>>> eth.show()
###[ Ethernet ]###
WARNING: Mac address to reach destination not found. Using broadcast.
  dst= ff:ff:ff:ff:ff:ff
  src= 00:00:00:00:00:00
  type= 0x0
>>>
```

图　1-183

第八步：实例化 IP 类的一个对象，对象的名称为 ip，并查看对象 ip 的各个属性，如图 1-184 所示。

第九步：实例化 UDP 类的一个对象，对象的名称为 udp，并查看对象 udp 的各个属性，如图 1-185 所示。

```
>>> ip = IP()
>>> ip.show()
###[ IP ]###
  version= 4
  ihl= None
  tos= 0x0
  len= None
  id= 1
  flags=
  frag= 0
  ttl= 64
  proto= ip
  chksum= 0x0
  src= 127.0.0.1
  dst= 127.0.0.1
  options= ''
>>>
```

```
>>> udp = UDP()
>>>
>>>
>>> udp.show()
###[ UDP ]###
  sport= domain
  dport= domain
  len= None
  chksum= 0x0
>>>
```

图　1-184　　　　　　　图　1-185

第十步：实例化 RIP 类的一个对象，对象的名称为 rip，并查看对象 rip 的各个属性，如图 1-186 所示。

第十一步：实例化 RIPEntry 类的一个对象，对象的名称为 ripentry，并查看对象 ripentry 的各个属性，如图 1-187 所示。

```
>>> rip = RIP()
>>> rip.show()
###[ RIP header ]###
  cmd= req
  version= 1
  null= 0
```

图　1-186

```
>>> ripentry = RIPEntry()
>>> ripentry.show()
###[ RIP entry ]###
  AF= IP
  RouteTag= 0
  addr= 0.0.0.0
  mask= 0.0.0.0
  nextHop= 0.0.0.0
  metric= 1
```

图　1-187

第十二步：将对象联合 eth、ip、udp、rip、ripentry 构造为复合数据类型 packet，并查看 packet 的各个属性，如图 1-188 ～图 1-190 所示。

```
>>> packet = eth/ip/udp/rip/ripentry
```

图　1-188

```
>>> packet.show()
###[ Ethernet ]###
  dst= ff:ff:ff:ff:ff:ff
  src= 00:00:00:00:00:00
  type= 0x800
###[ IP ]###
     version= 4
     ihl= None
     tos= 0x0
     len= None
     id= 1
     flags=
     frag= 0
     ttl= 64
     proto= udp
     chksum= 0x0
     src= 127.0.0.1
     dst= 127.0.0.1
     options= ''
###[ UDP ]###
        sport= domain
        dport= route
        len= None
        chksum= 0x0
###[ RIP header ]###
        cmd= req
        version= 1
        null= 0
###[ RIP entry ]###
           AF= IP
```

图　1-189

```
RouteTag= 0
addr= 0.0.0.0
mask= 0.0.0.0
nextHop= 0.0.0.0
metric= 1
```

图　1-190

第十三步：将 packet[IP].src 赋值为本地操作系统的 IP 地址，如图 1-191 所示。

```
>>> packet[IP].src = "192.168.1.112"
>>>
```

图　1-191

第十四步：将 packet[IP].dst 赋值为 224.0.0.9，并查看 packet 的各个属性，如图 1-192 所示。

```
>>> packet[IP].dst = "224.0.0.9"
>>> packet.show()
###[ Ethernet ]###
  dst= 01:00:5e:00:00:09
WARNING: No route found (no default route?)
  src= 00:00:00:00:00:00
  type= 0x800
###[ IP ]###
     version= 4
     ihl= None
     tos= 0x0
     len= None
     id= 1
     flags=
     frag= 0
     ttl= 64
     proto= udp
     chksum= 0x0
     src= 192.168.1.112
     dst= 224.0.0.9
```

图 1-192

第十五步：将 packet[Ether].src 赋值为本地操作系统的 MAC 地址，如图 1-193 所示。

```
>>> packet[Ether].src = "00:0c:29:4e:c7:10"
>>> packet.show()
###[ Ethernet ]###
  dst= 01:00:5e:00:00:09
  src= 00:0c:29:4e:c7:10
  type= 0x800
###[ IP ]###
     version= 4
     ihl= None
     tos= 0x0
     len= None
     id= 1
     flags=
     frag= 0
     ttl= 64
     proto= udp
     chksum= 0x0
     src= 192.168.1.112
     dst= 224.0.0.9
```

图 1-193

第十六步：将 packet[UDP].sport、packet[UDP].dport 都赋值为 int 类型的数据 520，如图 1-194 所示。

```
>>> packet[UDP].sport = 520
>>> packet[UDP].dport = 520
>>> packet.show()
###[ Ethernet ]###
  dst= 01:00:5e:00:00:09
  src= 00:0c:29:4e:c7:10
  type= 0x800
###[ IP ]###
     version= 4
     ihl= None
     tos= 0x0
     len= None
     id= 1
     flags=
     frag= 0
     ttl= 64
     proto= udp
     chksum= 0x0
     src= 192.168.1.112
     dst= 224.0.0.9
     options= ''
###[ UDP ]###
        sport= route
        dport= route
        len= None
        chksum= 0x0
```

图 1-194

第十七步：将 packet[RIPEntry].metric 赋值为 int 类型的数据 16，并查看当前 packet 的各个属性，如图 1-195 和图 1-196 所示。

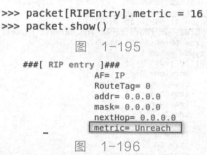

图 1-195

图 1-196

第十八步：打开 Wireshark 程序，并设置过滤条件，如图 1-197 所示。

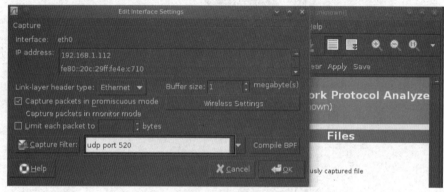

图 1-197

第十九步：使用 sendp（）函数发送 packet，如图 1-198 所示。

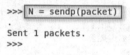

图 1-198

第二十步：查看 Wireshark 捕获到的 packet 对象，对照基础知识分析 RIP 数据对象，如图 1-199 所示。

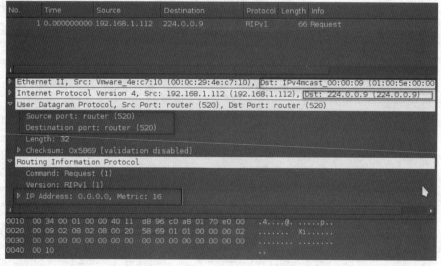

图 1-199

✎ 习　题

1. RIP 支持认证的版本是（　　）。
   A. RIP-V1
   B. RIP-V2
   C. RIP-V1 和 RIP-V2 都支持
   D. RIP-V1 和 RIP-V2 都不支持

2. RIP 用来请求对方路由表的报文和周期性广播的报文是哪两种报文？正确的选项是（　　）。
   A. Request 报文和 Hello 报文
   B. Response 报文和 Hello 报文
   C. Request 报文和 Response 报文
   D. Request 报文和 Keeplive 报文

3. 在 RIP 的 MD5 认证报文中，经过加密的密钥是放在（　　）的。
   A. 报文的第一个表项中
   B. 报文的最后一个表项中
   C. 报文的第二个表项中
   D. 报文头里

4. RIP V2 的多播方式以多播地址（　　）周期发布 RIP V2 报文。
   A. 224.0.0.0
   B. 224.0.0.9
   C. 127.0.0.1
   D. 220.0.0.8

5. RIP 通过（　　）报文交换路由信息。
   A. TCP
   B. UDP
   C. IP
   D. IPX

6. 简述 RIP 的主要特点。

7. 简述 RIPv1 和 RIPv2 的区别。

1.12　超文本传输协议（HTTP）

学习目标

　　理解超文本传输协议的概念及功能，HTTP 中 GET 与 POST 请求的区别，HTTP 字段及不同状态码代表的含义。通过抓包验证查看 HTTP 的访问流程。

1.12.1　超文本传输协议（HTTP）基础知识

（1）HTTP 简介

HTTP（Hyper Text Transfer Protocol，超文本传输协议）是用于从万维网（World Wide Web，WWW）服务器传输超文本到本地浏览器的传输协议。

HTTP 是一个基于 TCP/IP 来传递数据（HTML 文件、图片文件、查询结果等）的协议。

（2）HTTP 工作原理

HTTP 工作于客户端 / 服务器架构上。浏览器作为 HTTP 客户端通过 URL 向 HTTP 服务端即 Web 服务器发送所有请求。

Web 服务器有：Apache 服务器、IIS 服务器（Internet Information Services）等。

Web 服务器根据接收到的请求向客户端发送响应信息。

HTTP 使用的默认端口号为 80，但是也可以改为 8080 或者其他端口。

使用 HTTP 的 3 点注意事项：

1）HTTP 是无连接的：无连接的含义是限制每次连接只处理一个请求。服务器处理完客户的请求并收到客户的应答后即断开连接。采用这种方式可以节省传输时间。

2）HTTP 是媒体独立的：这意味着只要客户端和服务器知道处理的数据内容，任何类型的数据都可以通过 HTTP 发送。客户端以及服务器指定使用适合的 MIME-Type 内容类型。

3）HTTP 是无状态的：HTTP 是无状态协议。无状态是指协议对于事务处理没有记忆能力。缺少状态意味着如果后续处理需要前面的信息，则它必须重传，这样可能导致每次连接传送的数据量增大。另一方面，在服务器不需要先前信息时它的应答就较快。

（3）HTTP 消息结构

HTTP 基于客户端 / 服务器（C/S）的架构模型，通过一个可靠的链接来交换信息，是一个无状态的请求 / 响应协议。

一个 HTTP "客户端"是一个应用程序（Web 浏览器或其他任何客户端），通过连接到服务器达到向服务器发送一个或多个 HTTP 的请求的目的。

一个 HTTP "服务器"同样也是一个应用程序（通常是一个 Web 服务，如 Apache Web 服务器或 IIS 服务器等），接收客户端的请求并向客户端发送 HTTP 响应数据。

HTTP 使用统一资源标识符（Uniform Resource Identifiers，URI）来传输数据和建立连接。

一旦建立连接，数据消息就通过类似 Internet 邮件所使用的格式 [RFC5322] 和多用途 Internet 邮件扩展（MIME）[RFC2045] 来传送。

（4）客户端请求消息

客户端发送一个 HTTP 请求到服务器，请求消息包括以下 4 个部分：请求行（request line）、请求头部（request header）、空行和请求数据。图 1-200 所示给出了请求报文的一般格式。

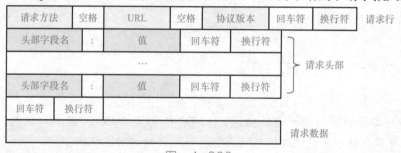

图 1-200

（5）服务器响应消息

HTTP 响应也由 4 个部分组成，分别是：状态行、消息报头、空行和响应正文，如图 1-201 所示。

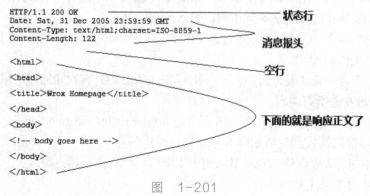

图 1-201

下面是一个典型的使用 GET 来传递数据的实例。

客户端请求，如图 1-202 所示。

```
GET /hello.txt HTTP/1.1
User-Agent: curl/7.16.3 libcurl/7.16.3 OpenSSL/0.9.71 zlib/1.2.3
Host: www.example.com
Accept-Language: en, mi
```

图　1-202

服务器响应，如图 1-203 所示。

```
HTTP/1.1 200 OK
Date: Mon, 27 Jul 2009 12:28:53 GMT
Server: Apache
Last-Modified: Wed, 22 Jul 2009 19:15:56 GMT
ETag: "34aa387-d-1568eb00"
Accept-Ranges: bytes
Content-Length: 51
Vary: Accept-Encoding
Content-Type: text/plain
```

图　1-203

（6）HTTP 请求方法

根据 HTTP 标准，HTTP 请求可以使用多种请求方法。

HTTP 1.0 定义了 3 种请求方法：GET、HEAD 和 POST 方法。

HTTP 1.1 新增了 5 种请求方法：PUT、DELETE、CONNECT、OPTIONS 和 TRACE 方法，见表 1-1。

表　1-1

序　号	方　　法	描　　　　述
1	GET	请求指定的页面信息，并返回实体主体
2	HEAD	类似于 get 请求，只不过返回的响应中没有具体的内容，用于获取报头
3	POST	向指定资源提交数据进行处理请求（例如提交表单或者上传文件）。数据被包含在请求体中。POST 请求可能会导致新的资源的建立和 / 或已有资源的修改
4	PUT	从客户端向服务器传送的数据取代指定的文档内容
5	DELETE	请求服务器删除指定的页面
6	CONNECT	HTTP/1.1 中预留给能够将连接改为管道方式的代理服务器
7	OPTIONS	允许客户端查看服务器的性能
8	TRACE	回显服务器收到的请求，主要用于测试或诊断

（7）HTTP 响应头信息

HTTP 响应头提供了关于请求、响应或者其他发送实体的信息。

在本章中将具体介绍 HTTP 响应头信息，见表 1-2。

表　1-2

响　应　头	说　　　　明
Allow	服务器支持哪些请求方法（如 GET、POST 等）
Content-Encoding	文档的编码（Encode）方法。只有在解码之后才可以得到 Content-Type 头指定的内容类型。利用 gzip 压缩文档能够显著地减少 HTML 文档的下载时间。Java 的 GZIPOutputStream 可以很方便地进行 gzip 压缩，但只有 UNIX 上的 Netscape 和 Windows 上的 IE 4、IE 5 才支持它。因此，Servlet 应该通过查看 Accept-Encoding 头即 request.getHeader（"Accept-Encoding"）检查浏览器是否支持 gzip，为支持 gzip 的浏览器返回经 gzip 压缩的 HTML 页面，为其他浏览器返回普通页面

（续）

响 应 头	说 明
Content-Length	表示内容长度。只有当浏览器使用持久 HTTP 连接时才需要这个数据。如果想要利用持久连接的优势，则可以把输出文档写入 ByteArrayOutputStream，完成后查看其大小，然后把该值放入 Content-Length 头，最后通过 byteArrayStream.writeTo(response.getOutputStream()) 发送内容
Content-Type	表示后面的文档属于什么 MIME 类型。Servlet 默认为 text/plain，但通常需要显式地指定为 text/html。由于经常要设置 Content-Type，因此 HttpServletResponse 提供了一个专用的方法 setContentType
Date	当前的 GMT 时间。可以用 setDateHeader 来设置这个头以避免转换时间格式的麻烦
Expires	应该在什么时候认为文档已经过期，从而不再缓存它
Last-Modified	文档的最后改动时间。客户可以通过 If-Modified-Since 请求头提供一个日期，该请求将被视为一个条件 GET，只有改动时间迟于指定时间的文档才会返回，否则返回一个 304（Not Modified）状态。Last-Modified 也可用 setDateHeader 方法来设置
Location	表示客户应当到哪里去提取文档。Location 通常不是直接设置的，而是通过 HttpServletResponse 的 sendRedirect 方法进行设置，该方法同时设置状态代码为 302
Refresh	表示浏览器应该在多少时间之后刷新文档，以秒计。除了刷新当前文档之外，还可以通过 setHeader ("Refresh","5;URL=http://host/path") 让浏览器读取指定的页面 注意这种功能通常是通过设置 HTML 页面 HEAD 区的 <META HTTP-EQUIV="Refresh"CONTENT="5;URL=http://host/path"> 实现，这是因为，自动刷新或重定向对于那些不能使用 CGI 或 Servlet 的 HTML 编写者十分重要。但是，对于 Servlet 来说，直接设置 Refresh 头更加方便 注意 Refresh 的意义是"Ns 之后刷新本页面或访问指定页面"，而不是"每隔 Ns 刷新本页面或访问指定页面"。因此，连续刷新要求每次都发送一个 Refresh 头。不管是使用 Refresh 头还是 <META HTTP-EQUIV="Refresh"…>，发送 204 状态代码都可以阻止浏览器继续刷新 注意 Refresh 头不属于 HTTP 1.1 正式规范的一部分，而是一个扩展，但 Netscape 和 IE 都支持它
Servler	服务器名字。Servlet 一般不设置这个值，而是由 Web 服务器自己设置
Set-Cookie	设置和页面关联的 Cookie。Servlet 不应使用 response.setHeader("Set-Cookie",…)，而是应使用 HttpServletResponse 提供的专用方法 addCookie。参见下文有关 Cookie 设置的讨论

（8）HTTP 状态码

当浏览者访问一个网页时，浏览者的浏览器会向网页所在的服务器发出请求。浏览器接收并显示网页前，此网页所在的服务器会返回一个包含 HTTP 状态码的信息头（server header）用以响应浏览器的请求。

HTTP 状态码的英文为 HTTP Status Code。

下面是常见的 HTTP 状态码：

200 请求成功。

301 资源（网页等）被永久转移到其他 URL。

404 请求的资源（网页等）不存在。

500 内部服务器错误。

（9）HTTP 状态码分类

HTTP 状态码由 3 个十进制数字组成，第一个十进制数字定义了状态码的类型，后两个数字没有分类的作用。HTTP 状态码共分为 5 种类型，见表 1-3 和表 1-4。

表 1-3

分 类	分类描述
1**	信息，服务器收到请求，需要请求者继续执行操作
2**	成功，操作被成功接收并处理
3**	重定向，需要进一步操作以完成请求
4**	客户端错误，请求包含语法错误或无法完成请求
5**	服务器错误，服务器在处理请求的过程中发生了错误

表 1-4

状 态 码	状态码英文名称	中 文 描 述
100	Continue	继续。客户端应继续其请求
101	Switching Protocols	切换协议。服务器根据客户端的请求切换协议。只能切换到更高级的协议，例如，切换到 HTTP 的新版本协议
200	OK	请求成功。一般用于 GET 与 POST 请求
201	Created	已创建。成功请求并创建了新的资源
202	Accepted	已接受。已经接受请求，但未处理完成
203	Non-Authoritative Information	非授权信息。请求成功。但返回的 meta 信息不在原始的服务器上，而是一个副本
204	No Content	无内容。服务器成功处理，但未返回内容。在未更新网页的情况下，可确保浏览器继续显示当前文档
205	Reset Content	重置内容。服务器处理成功，用户终端（例如，浏览器）应重置文档视图。可通过此返回码清除浏览器的表单域
206	Partial Content	部分内容。服务器成功处理了部分 GET 请求
300	Multiple Choices	多种选择。请求的资源可包括多个位置，相应可返回一个资源特征与地址的列表用于用户终端（例如，浏览器）选择
301	Moved Permanently	永久移动。请求的资源已被永久移动到新 URI，返回信息会包括新的 URI，浏览器会自动定向到新的 URI。今后任何新的请求都应使用新的 URI 代替
302	Found	临时移动。与 301 类似。但资源只是临时被移动。客户端应继续使用原有 URI
303	See Other	查看其他地址。与 301 类似。使用 GET 和 POST 请求查看
304	Not Modified	未修改。所请求的资源未修改，服务器返回此状态码时，不会返回任何资源。客户端通常会缓存访问过的资源，通过提供一个头信息指出客户端希望只返回在指定日期之后修改的资源
305	Use Proxy	使用代理。所请求的资源必须通过代理访问
306	Unused	已经被废弃的 HTTP 状态码
307	Temporary Redirect	临时重定向。与 302 类似。使用 GET 请求重定向
400	Bad Request	客户端请求的语法错误，服务器无法理解
401	Unauthorized	请求要求用户的身份认证
402	Payment Required	保留，将来使用
403	Forbidden	服务器理解请求客户端的请求，但是拒绝执行此请求
404	Not Found	服务器无法根据客户端的请求找到资源（网页）。通过此代码，网站设计人员可设置"您所请求的资源无法找到"的个性页面
405	Method Not Allowed	客户端请求中的方法被禁止

（续）

状 态 码	状态码英文名称	中 文 描 述
406	Not Acceptable	服务器无法根据客户端请求的内容特性完成请求
407	Proxy Authentication Required	请求要求代理的身份认证，与 401 类似，但请求者应当使用代理进行授权
408	Request Time-out	服务器等待客户端发送的请求时间过长，超时
409	Conflict	服务器完成客户端的 PUT 请求时可能返回此代码，服务器处理请求时发生了冲突
410	Gone	客户端请求的资源已经不存在。410 不同于 404，如果资源以前有现在被永久删除了则可使用 410 代码，网站设计人员可通过 301 代码指定资源的新位置
411	Length Required	服务器无法处理客户端发送的不带 Content-Length 的请求信息
412	Precondition Failed	客户端请求信息的先决条件错误
413	Request Entity Too Large	由于请求的实体过大，服务器无法处理，因此拒绝请求。为防止客户端的连续请求，服务器可能会关闭连接。如果只是服务器暂时无法处理，则会包含一个 Retry-After 的响应信息
414	Request-URI Too Large	请求的 URI 过长（URI 通常为网址），服务器无法处理
415	Unsupported Media Type	服务器无法处理请求附带的媒体格式
416	Requested range not satisfiable	客户端请求的范围无效
417	Expectation Failed	服务器无法满足 Expect 的请求头信息
500	Internal Server Error	服务器内部错误，无法完成请求
501	Not Implemented	服务器不支持请求的功能，无法完成请求
502	Bad Gateway	充当网关或代理的服务器，从远端服务器接收到了一个无效的请求
503	Service Unavailable	由于超载或系统维护，服务器暂时无法处理客户端的请求。延时的长度可包含在服务器的 Retry-After 头信息中
504	Gateway Time-out	充当网关或代理的服务器，未及时从远端服务器获取请求
505	HTTP Version not supported	服务器不支持请求的 HTTP 的版本，无法完成处理

1.12.2 超文本传输协议（HTTP）实训

第一步：为各主机配置 IP 地址，如图 1-204 和图 1-205 所示。

Ubuntu Linux：

IPA：192.168.1.112/24。

CentOS Linux：

IPB：192.168.1.100/24。

```
root@bt:~# ifconfig eth0 192.168.1.112 netmask 255.255.255.0
root@bt:~# ifconfig
eth0      Link encap:Ethernet  HWaddr 00:0c:29:4e:c7:10
          inet addr:192.168.1.112  Bcast:192.168.1.255  Mask:255.255.255.0
          inet6 addr: fe80::20c:29ff:fe4e:c710/64 Scope:Link
          UP BROADCAST RUNNING MULTICAST  MTU:1500  Metric:1
          RX packets:311507 errors:0 dropped:0 overruns:0 frame:0
          TX packets:281506 errors:0 dropped:0 overruns:0 carrier:0
          collisions:0 txqueuelen:1000
          RX bytes:21621597 (21.6 MB)  TX bytes:62822798 (62.8 MB)
```

图 1-204

```
[root@localhost ~]# ifconfig eth0 192.168.1.100 netmask 255.255.255.0
[root@localhost ~]# ifconfig
eth0      Link encap:Ethernet  HWaddr 00:0C:29:A0:3E:A2
          inet addr:192.168.1.100  Bcast:192.168.1.255  Mask:255.255.255.0
          inet6 addr: fe80::20c:29ff:fea0:3ea2/64 Scope:Link
          UP BROADCAST RUNNING MULTICAST  MTU:1500  Metric:1
          RX packets:35532 errors:0 dropped:0 overruns:0 frame:0
          TX packets:27052 errors:0 dropped:0 overruns:0 carrier:0
          collisions:0 txqueuelen:1000
          RX bytes:9413259 (8.9 MiB)  TX bytes:1836269 (1.7 MiB)
          Interrupt:59 Base address:0x2000
```

图 1-205

第二步：打开 Wireshark，并配置如下抓包过滤条件，如图 1-206 所示。

抓包过滤条件：tcp port 80 and ip host 192.168.1.100 and 192.168.1.112。

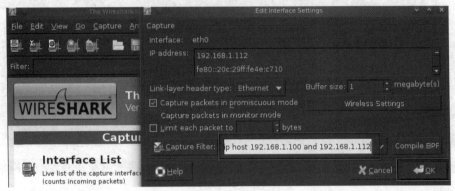

图 1-206

第三步：打开浏览器，并通过 HTTP 访问 192.168.1.100 的 TestConn.php 文件，如图 1-207 所示。

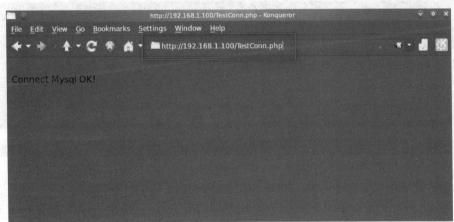

图 1-207

第四步：打开 Wireshark，分析 HTTP 流量，首先是 TCP 建立连接，如图 1-208 所示。

No.	Time	Source	Destination	Protocol	Length	Info
1	0.000000000	192.168.1.112	192.168.1.100	TCP	74	40669 > http [SYN] Seq=0 Win:
2	0.000359000	192.168.1.100	192.168.1.112	TCP	74	http > 40669 [SYN, ACK] Seq=
3	0.001310000	192.168.1.112	192.168.1.100	TCP	66	40669 > http [ACK] Seq=1 Ack=

图 1-208

第五步：对照基础知识分析 HTTP 请求数据对象，如图 1-209 所示。

第六步：对照基础知识，分析 HTTP 响应头部对象，如图 1-210 所示。

网络安全协议分析

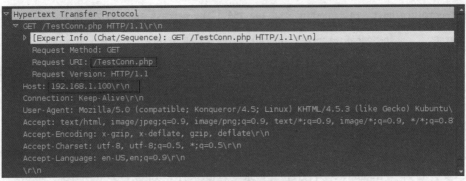

图 1-209

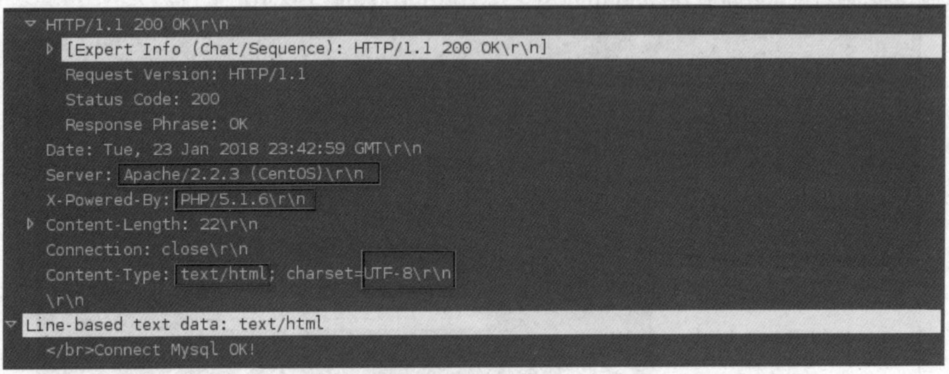

图 1-210

第七步：对照基础知识，分析 HTTP 响应数据对象，如图 1-211 所示。

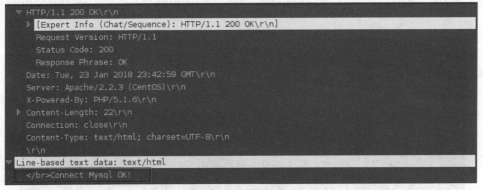

图 1-211

第八步：查看 HTTP 响应数据对象在浏览器中的显示，如图 1-212 所示。
第九步：打开 Wireshark，分析 HTTP 流量，以断开 TCP 连接结束，如图 1-213 所示。

图 1-212

No.	Time	Source	Destination	Protocol	Length	Info
7	0.045658000	192.168.1.112	192.168.1.100	TCP	66	40669 > http [ACK] Seq=392 A
8	0.045742000	192.168.1.100	192.168.1.112	TCP	66	http > 40669 [FIN, ACK] Seq=2
9	0.046555000	192.168.1.112	192.168.1.100	TCP	66	40669 > http [FIN, ACK] Seq=
10	0.047244000	192.168.1.100	192.168.1.112	TCP	66	http > 40669 [ACK] Seq=215 A

图 1-213

习　题

1. 关于 URL, 以下说法哪些是错误的? (　　)

    A. URL 是 E-mail 地址

    B. URL 是协议名称, 由主机名和路径组成

    C. 网址就是 URL

    D. URL 是主机名称

2. HTTP 是一种 (　　)。

    A. 高级程序设计语言　　　　　　　B. 超文本传输协议

    C. 域名　　　　　　　　　　　　　D. 网址超文本传输协议

3. 客户端向服务器请求服务时, 请求方式只有 GET、POST 两种 (　　)。

    A. 正确　　　　　　　　　　　　　B. 错误

4. 下列关于 HTTP 状态码的说法中, 错误的是 (　　)。

    A. 该状态码由三位数字组成的标识 HTTP 请求消息的处理状态的编码, 总共分为四类, 分别以 1、2、3、4、5 开头, 标识不同的意义

    B. 200 状态码, 标识请求已经成功

    C. 3XX 类状态码指示需要用户代理采取进一步的操作来完成请求

    D. 4XX 的状态码表示客户端出错的情况, 除了响应的 HEAD 请求, 服务器应包括解释错误信息

5. 关于 GET 和 POST 两种请求, 下列说法正确的是 (　　)。

    A. GET 请求是默认的

    B. GET 请求处理的数据量大小不受到限制

    C. POST 请求地址栏里是能看到数据的

    D. POST 请求可以由 doGet 方法处理

6. HTTP 是什么?

7. HTTP 常见请求方式有哪些?

1.13　文件传输协议 (FTP)

学习目标

　　理解文件传输协议的基本概念, FTP 请求方式, FTP 的常用请求命令, FTP 响应码。通过抓包验证查看 FTP 的访问流程。

1.13.1 文件传输协议（FTP）基础知识

（1）FTP 概述

文件传输协议（File Transfer Protocol，FTP）作为网络共享文件的传输协议，在网络应用软件中具有广泛的应用。FTP 的目标是提高文件的共享性，可靠高效地传输数据。

在传输文件时，FTP 客户端程序先与服务器建立连接，然后向服务器发送命令。服务器收到命令后给予响应，并执行命令。FTP 与操作系统无关，任何操作系统上的程序只要符合FTP 就可以相互传输数据。这里主要基于 Linux 平台，对 FTP 客户端的实现原理进行详尽的解释并阐述如何使用 C 语言编写一个简单的 FTP 客户端。

（2）FTP

相比其他协议，如 HTTP，FTP 要复杂一些。与一般的 C/S 应用的不同在于一般的 C/S 应用程序只会建立一个 Socket 连接，这个连接同时处理服务器端和客户端的连接命令和数据传输。而 FTP 将命令与数据分开传送的方法提高了效率。

FTP 使用两个端口，一个数据端口和一个命令端口（也叫控制端口）。这两个端口一般是 21（命令端口）和 20（数据端口）。控制 Socket 用来传送命令，数据 Socket 用于传输数据。每一个 FTP 命令发送之后，FTP 服务器都会返回一个字符串，其中包括一个响应代码和一些说明信息。其中的返回码主要是用于判断命令是否被成功执行了。

一般来说，客户端有一个 Socket 用来连接 FTP 服务器的相关端口，它负责 FTP 命令的发送和接收返回的响应信息。一些操作如"登录""改变目录""删除文件"，依靠这个连接发送命令就可完成。

对于有数据传输的操作，主要是显示目录列表，上传、下载文件，需要依靠另一个Socket 来完成。

如果使用被动模式，则通常服务器端会返回一个端口号。客户端需要另开一个 Socket 来连接这个端口，然后可根据操作来发送命令，数据会通过新开的端口传输。

如果使用主动模式，则通常客户端会发送一个端口号给服务器端，并在这个端口监听。服务器需要连接到客户端开启的这个数据端口，并进行数据的传输。

下面对 FTP 的主动模式和被动模式做一个简单的介绍。

主动模式（PORT）

主动模式下，客户端随机打开一个大于 1024 的端口向服务器的命令端口 P，即 21 端口，发起连接，同时开放 N+1 端口监听，并向服务器发出"port N+1"命令，由服务器从它自己的数据端口（20）主动连接到客户端指定的数据端口（N+1）。

FTP 的客户端只是告诉服务器自己的端口号，让服务器来连接客户端指定的端口。对于客户端的防火墙来说，这是从外部到内部的连接，可能会被阻塞。

被动模式（PASV）

为了解决服务器发起到客户的连接问题，有了另一种 FTP 连接方式，即被动方式。命令连接和数据连接都由客户端发起，这样就解决了从服务器到客户端的数据端口的连接被防火墙过滤的问题。

被动模式下，当开启一个 FTP 连接时，客户端打开两个任意的本地端口（N>1024 和N+1）。

第一个端口连接服务器的 21 端口，提交 PASV 命令。然后，服务器会开启一个任意的端口（P>1024），返回如"227 entering passive mode（127,0,0,1,4,18）"。它返回了 227 开头的信息，在括号中有以逗号隔开的 6 个数字，前 4 个指服务器的地址，最后两个，将倒数第 2 个乘 256 再加上最后一个数字，这就是 FTP 服务器开放的用来进行数据传输的端口。如得到 227 entering passive mode（h1,h2,h3,h4,p1,p2），那么端口号是 $p1 \times 256 + p2$，IP 地址为 h1.h2.h3.h4。这意味着在服务器上有一个端口被开放。客户端收到命令取得端口号之后，会通过 N+1 号端口连接服务器的端口 P，然后在两个端口之间进行数据传输。

（3）主要用到的 FTP 命令

FTP 每个命令都由 3～4 个字母组成，命令后面跟参数，用空格分开。每个命令都以"\r\n"结束。

要下载或上传一个文件，首先要登录 FTP 服务器，然后发送命令，最后退出。这个过程中，主要用到的命令有 USER、PASS、SIZE、REST、CWD、RETR、PASV、PORT、STOR、QUIT。

USER：指定用户名。通常是控制连接后第一个发出的命令。"USER yueda\r\n"：用户名为 yueda，登录。

PASS：指定用户密码。该命令紧跟 USER 命令后。"PASS gaoleyi\r\n"：密码为 gaoleyi。

SIZE：从服务器上返回指定文件的大小。"SIZE file.txt\r\n"：如果 file.txt 文件存在，则返回该文件的大小。

REST：该命令并不传送文件，而是略过指定点后的数据。此命令后应该跟其他要求文件传输的 FTP 命令。"REST 100\r\n"：重新指定文件传送的偏移量为 100 字节。

CWD：改变工作目录。如"CWD dirname\r\n"。

RETR：下载文件。"RETR file.txt \r\n"：下载文件 file.txt。

PASV：让服务器在数据端口监听，进入被动模式。如"PASV\r\n"。

PORT：告诉 FTP 服务器客户端监听的端口号，让 FTP 服务器采用主动模式连接客户端。如"PORT h1,h2,h3,h4,p1,p2"。

STOR：上传文件。"STOR file.txt\r\n"：上传文件 file.txt。

QUIT：关闭与服务器的连接。

（4）FTP 响应码

客户端发送 FTP 命令后，服务器返回响应码。

响应码用 3 位数字编码表示：第 1 个数字给出了命令状态的一般性指示，比如，响应成功、失败或不完整；第 2 个数字是响应类型的分类，例如 2 代表跟连接有关的响应，3 代表用户认证；第 3 个数字提供了更加详细的信息。

第 1 个数字的含义如下：

① 1 表示服务器正确接收信息，还未处理。

② 2 表示服务器已经正确处理信息。

③ 3 表示服务器正确接收信息，正在处理。

④ 4 表示信息暂时错误。

⑤ 5 表示信息永久错误。

第 2 个数字的含义如下：

① 0 表示语法。

② 1 表示系统状态和信息。

③ 2 表示连接状态。

④ 3 表示与用户认证有关的信息。

⑤ 4 表示未定义。

⑥ 5 表示与文件系统有关的信息。

Socket 客户端编程主要步骤如下：

① socket() 创建一个 Socket。

② connect() 与服务器连接。

③ write() 和 read() 进行会话。

④ close() 关闭 Socket。

Socket 服务器端编程主要步骤如下：

① socket() 创建一个 Socket。

② bind() 绑定端口。

③ listen() 监听。

④ accept() 接收连接的请求。

⑤ write() 和 read() 进行会话。

⑥ close() 关闭 Socket。

1.13.2 文件传输协议（FTP）项目实训

第一步：为各主机配置 IP 地址，如图 1–214 和图 1–215 所示。

Windows Server 2003：

IPA：192.168.1.111/24。

图 1–214

Windows Server 2003：

IPB：192.168.1.112/24。

图　1-215

第二步：打开 Wireshark，并配置过滤条件，如图 1-216 所示。

第三步：在 IP 为 192.168.1.111 的计算机上打开 Windows Shell，并通过如下 FTP 命令连接 IP 为 192.168.1.112 的 FTP 服务，如图 1-217 所示。

第四步：打开 Wireshark，对照基础知识验证第三步中 FTP 服务的工作模式为主动模式，如图 1-218 所示。

第五步：重新打开 Wireshark，并配置过滤条件，如图 1-219 所示。

图　1-216

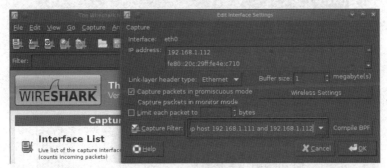

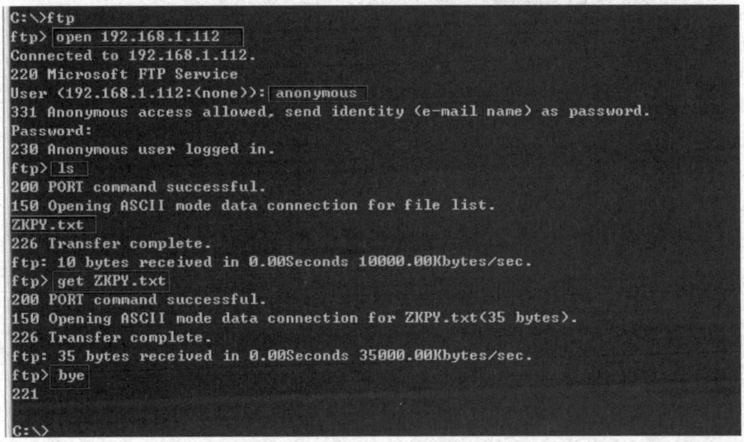

图　1-217

图 1-218

图 1-219

第六步：在 IP 为 192.168.1.111 的计算机上打开 Internet Explorer，并进行如图 1-220 所示的配置。

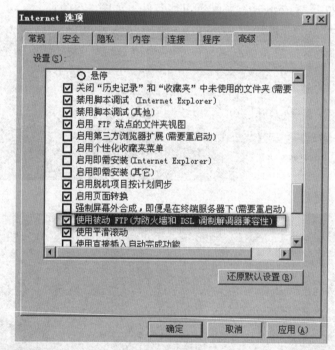

图 1-220

第七步：在 IP 为 192.168.1.111 的计算机上打开 Internet Explorer，并访问 IP 为 192.168.1.112 的 FTP 服务，如图 1-221 所示。

第八步：打开 Wireshark，对照基础知识，验证第六步中 FTP 服务的工作模式为被动模式，如图 1-222 ～图 1-224 所示。

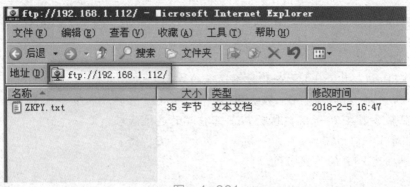

图 1-221

```
▷ Frame 73: 60 bytes on wire (480 bits), 60 bytes captured (480 bits) on interface 0
▷ Ethernet II, Src: Vmware_89:c9:63 (00:0c:29:89:c9:63), Dst: Vmware_c0:65:27 (00:0c:29:c0:65:27)
▷ Internet Protocol Version 4, Src: 192.168.1.111 (192.168.1.111), Dst: 192.168.1.112 (192.168.1.11
▷ Transmission Control Protocol, Src Port: lmsocialserver (1111), Dst Port: ftp (21), Seq: 88, Ack:
▽ File Transfer Protocol (FTP)
  ▽ PASV\r\n
     Request command: PASV
```

图 1-222

```
▷ Frame 74: 103 bytes on wire (824 bits), 103 bytes captured (824 bits) on interface 0
▷ Ethernet II, Src: Vmware_c0:65:27 (00:0c:29:c0:65:27), Dst: Vmware_89:c9:63 (00:0c:29:89:c9:63)
▷ Internet Protocol Version 4, Src: 192.168.1.112 (192.168.1.112), Dst: 192.168.1.111 (192.168.1.11
▷ Transmission Control Protocol, Src Port: ftp (21), Dst Port: lmsocialserver (1111), Seq: 443, Ack
▽ File Transfer Protocol (FTP)
  ▽ 227 Entering Passive Mode (192,168,1,112,4,38).\r\n
     Response code: Entering Passive Mode (227)
     Response arg: Entering Passive Mode (192,168,1,112,4,38).
     Passive IP address: 192.168.1.112 (192.168.1.112)
     Passive port: 1062
```

图 1-223

No.	Time	Source	Destination	Protocol	Length	Info
75	298.8677610(	192.168.1.111	192.168.1.112	TCP	62	icp > veracity [SYN] Seq=0 W:
76	298.8677670(	192.168.1.112	192.168.1.111	TCP	62	veracity > icp [SYN, ACK] Seq
77	298.8679420(	192.168.1.111	192.168.1.112	TCP	60	icp > veracity [ACK] Seq=1 A(

```
▷ Frame 75: 62 bytes on wire (496 bits), 62 bytes captured (496 bits) on interface 0
▷ Ethernet II, Src: Vmware_89:c9:63 (00:0c:29:89:c9:63), Dst: Vmware_c0:65:27 (00:0c:29:c0:65:27)
▷ Internet Protocol Version 4, Src: 192.168.1.111 (192.168.1.111), Dst: 192.168.1.112 (192.168.1.11
▷ Transmission Control Protocol, Src Port: icp (1112), Dst Port: veracity (1062), Seq: 0, Len: 0
```

图 1-224

✎ 习 题

1. 在 Internet 中,FTP 是(   )。

   A. 网际协议

   B. 传输控制协议

   C. 文件传输协议

   D. 超文本传输协议

2. 关于 FTP 的描述中,错误的是(   )。

   A. FTP 既依赖于 Telnet,又依赖于 TCP

   B. FTP 属于网络传输协议的应用层

   C. FTP 可以实现不同文件系统之间传输文件

   D. FTP 是基于 UDP 的,使用 UDP 20 和 21 端口

3. 默认情况下，FTP 服务器在（　　　）端口接收客户端的命令，客户端的 TCP 端口为（　　　）。

    A. 1024　　　　　　B. 80　　　　　　　C. 25　　　　　　　D. 21

4. 在 FTP 中，（　　　）初始化控制通道的建立。

    A. 客户端　　　　　B. 服务器　　　　　C. 客户端和服务器　D. 以上都不对

5. FTP 服务器在 20 号端口监听 FTP 客户端的连接请求。（　　　）

    A. 对　　　　　　　　　　　　　　　　B. 错

6. 简单描述 FTP 的关键组成。

7. 请描述 FTP 请求阶段。

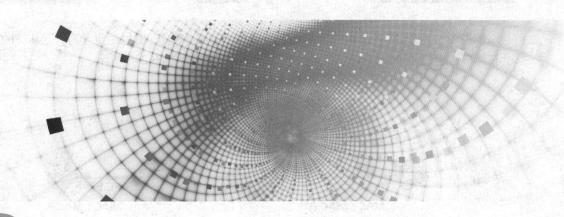

第2章 网络攻击防范

2.1 MAC 攻击及其解决方案

学习目标

　　理解交换机转发原理与 MAC 泛洪攻击流程，MAC 攻击解决方式端口安全，MAC 攻击解决方式 AM 端口。

2.1.1 MAC 攻击介绍

　　根据交换机的工作原理，通过交换机进行通信的主机间通信，需要经过如下步骤。

　　第一步：PC.A 发送 ARP 请求包，请求 PC.B 的 MAC 地址，如图 2-1 所示。

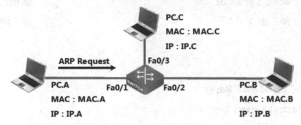

图 2-1

　　第二步：交换机收到 PC.A 的 ARP 请求包，于是学习到 PC.A 的 MAC 地址表条目，也就是 PC.A 连接的端口 Fa0/1 映射至 PC.A 的 MAC 地址 MAC.A，如图 2-2 所示。

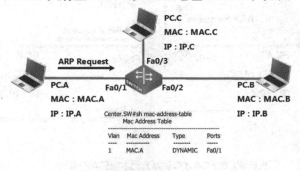

图 2-2

第三步：由于 ARP 请求包为广播包，于是交换机将该广播包泛洪至除了入口外的其余所有接口，也就是 PC.B 和 PC.C 都会收到该 ARP 请求，如图 2-3 所示。

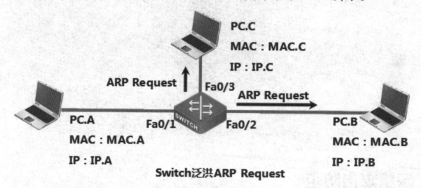

图　2-3

第四步：由于该 ARP 请求的是 PC.B 的 MAC 地址，所以只有 PC.B 会对该 ARP 请求做出应答，如图 2-4 所示。

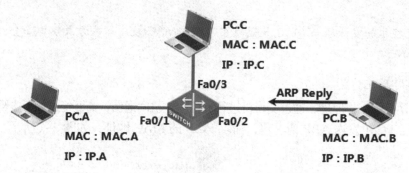

图　2-4

第五步：同时也只有 PC.B 会缓存 PC.A 的 ARP 缓存信息（IP.A → MAC.A），如图 2-5 所示。

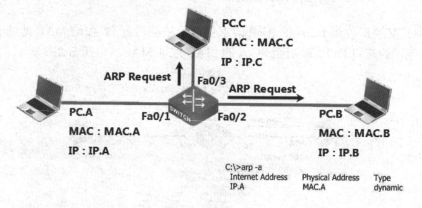

图　2-5

第六步：交换机收到了 PC.B 对 PC.A 的 ARP 请求做出的应答，于是学习到 PC.B 的 MAC 地址表条目，也就是 PC.B 连接的端口 Fa0/2 映射至 PC.B 的 MAC 地址 MAC.B，如图 2-6 所示。

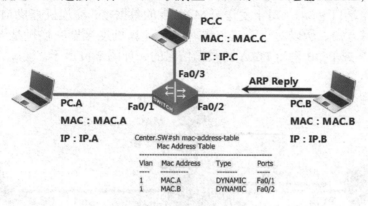

Switch更新本地MAC地址表

图　2-6

第七步：由于 PC.B 对 PC.A 的 ARP 请求做出的应答为发送至 PC.A 的 MAC 地址 MAC.A 的单播地址，交换机为转发该信息会查找 MAC 地址表，由于交换机之前学习过了 PC.A 连接的端口 Fa0/1 映射至 PC.A 的 MAC 地址 MAC.A，所以交换机会将该信息向端口 Fa0/1 进行转发，于是 PC.A 收到了 PC.B 的 IP 地址对应的 MAC 地址（IP.B → MAC.B），如图 2-7 和图 2-8 所示。

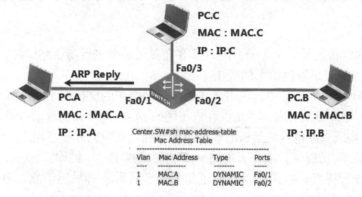

Switch已经知道MAC.A对应的接口为Fa0/1，只有PC.A收到ARP Reply

图　2-7

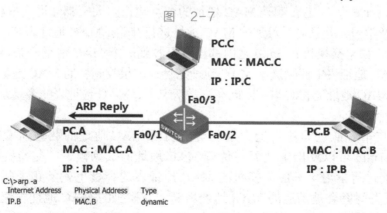

PC.A更新ARP缓存信息

图　2-8

第八步：PC.A 将数据发给 PC.B，会发送数据帧至 MAC.B，PC.B 将数据发给 PC.A，会发送数据帧至 MAC.A，对于发送至 MAC.A 的数据帧，交换机查找 MAC 地址表后，只会发给端口 Fa0/1，对于发送至 MAC.B 的数据帧，交换机查找 MAC 地址表后，只会发给端口 Fa0/2。所以对于第三方黑客，将计算机连接至交换机是无法监听到任何 PC.A 发给 PC.B 或 PC.B 发给 PC.A 的数据信息的，如图 2-9 所示。

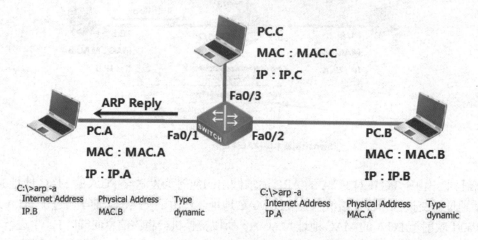

图 2-9

但是，下面的情况是完全不一样的，黑客在对局域网进行渗透测试时，用到了一个称为 MAC flooding（MAC 地址泛洪）的攻击。

在典型的 MAC flooding 中，攻击者能让目标网络中的交换机不断泛洪大量不同源 MAC 地址的数据包，导致交换机内存不足以存放正确的 MAC 地址和物理端口号相对应的关系表。如果攻击成功，则所有新进入交换机的数据包会不经过交换机处理直接广播到所有的端口（类似于 HUB 集线器的功能）。攻击者能进一步利用嗅探工具（例如，Wireshark）对网络内所有用户的信息进行捕获，从而能得到机密信息或者各种业务敏感信息。可见 MAC flooding 攻击的后果是相当严重的。

MAC Layer attacks 主要就是 MAC 地址的泛洪攻击。大家都知道交换机需要对 MAC 地址进行不断学习，并且对学习到的 MAC 地址进行存储。MAC 地址表有一个老化时间，默认为 5min，如果交换机在 5min 之内都没有再收到一个 MAC 地址表条目的数据帧，交换机将从 MAC 地址表中清除这个 MAC 地址条目；如果收到新的 MAC 地址表条目的数据帧，则刷新 MAC 地址老化时间。因此在正常情况下，MAC 地址表的容量是足够使用的，如图 2-10 所示。

但如果攻击者通过程序伪造大量包含随机源 MAC 地址的数据帧发往交换机（有些攻击程序 1min 可以发出十几万份伪造 MAC 地址的数据帧），交换机根据数据帧中的 MAC 地址进行学习（一般交换机的 MAC 地址表的容量也就是几千条），交换机的 MAC 地址表瞬间就会被伪造的 MAC 地址填满。交换机的 MAC 地址表填满后，交换机再收到数据，不管是单播、广播还是组播，交换机都不再学习 MAC 地址，如果交换机在 MAC 地址表中找不到目的 MAC 地址对应的端口，交换机将像集线器一样向所有的端口广播数据。这样就达到了攻击者瘫痪交换机的目的，如图 2-11 所示。攻击者就可以轻而易举地获取全网的数据包，这就是 MAC 地址的泛洪攻击。应对方法就是限定映射的 MAC 地址数量。

```
^ ∨ × root@bt: ~
File Edit View Terminal Help
250529(0) win 512
de:a2:1e:15:32:e2 f5:f9:15:68:99:5b 0.0.0.0.50186 > 0.0.0.0.32556: S 302444061:3
02444061(0) win 512
a5:1e:7e:31:31:2c 55:21:13:4e:ae:9a 0.0.0.0.54981 > 0.0.0.0.26397: S 523316620:5
23316620(0) win 512
8b:45:a1:66:43:71 c9:38:77:49:c4:a1 0.0.0.0.52060 > 0.0.0.0.32870: S 1662782194:
1662782194(0) win 512
57:42:32:55:b:26 69:18:89:b:95:79 0.0.0.0.51042 > 0.0.0.0.50607: S 226138327:226
138327(0) win 512
d:d3:47:2c:74:f6 66:5f:52:14:be:6e 0.0.0.0.41936 > 0.0.0.0.59369: S 197510136:19
7510136(0) win 512
a:2c:9a:47:eb:7b 7b:6f:56:72:e4:75 0.0.0.0.37010 > 0.0.0.0.26892: S 1622376910:1
622376910(0) win 512
ca:6e:1:3c:b:fa ce:df:dc:44:be:ce 0.0.0.0.62947 > 0.0.0.0.47875: S 1943992352:1
43992352(0) win 512
d3:7f:b7:2:54:eb 37:31:74:61:42:f6 0.0.0.0.24291 > 0.0.0.0.32227: S 2013598644:2
013598644(0) win 512
5a:8a:17:64:5d:7f 3c:23:51:7:43:50 0.0.0.0.45662 > 0.0.0.0.1492: S 1374248800:13
74248800(0) win 512
9b:fd:d8:6:14:dc 6b:91:81:7d:1f:29 0.0.0.0.53103 > 0.0.0.0.41144: S 1654577906:1
654577906(0) win 512
fd:af:f1:c:1b:c0 b4:34:f:72:9a:4f 0.0.0.0.29545 > 0.0.0.0.38210: S 2084897397:20
84897397(0) win 512^C
root@bt:~# macof
```

图　2-10

```
DCRS-5650-28(R4)#show mac-address-table count vlan 1
Compute the number of mac address....
Max entries can be created in the largest capacity card:
Total     Filter Entry Number is: 16384
Static    Filter Entry Number is: 16384
Unicast   Filter Entry Number is: 16384

Current entries have been created in the system:
Total     Filter Entry Number is: 16384
Individual    Filter Entry Number is: 16384
Static    Filter Entry Number is: 0
Dynamic   Filter Entry Number is: 16384
DCRS-5650-28(R4)#_
```

图　2-11

2.1.2　MAC 攻击解决方案 1: Port-Security

未提供端口安全性的交换机将让攻击者连接到系统上未使用的已启用端口，并执行信息收集或攻击。交换机可被配置为像集线器那样工作，这意味着连接到交换机的每一台系统都有可能查看通过交换机流向与交换机相连的所有系统的网络流量。因此，攻击者可以收集到含有用户名、密码或网络上的系统配置信息的流量。

在部署交换机之前，应保护所有交换机端口或接口。端口安全性限制端口上所允许的有效 MAC 地址的数量。如果为安全端口分配了安全 MAC 地址，那么当数据包的源地址不是已定义地址组中的地址时，端口不会转发这些数据包。

如果将安全 MAC 地址的数量限制为一个，并为该端口只分配一个安全 MAC 地址，那么连接该端口的工作站将确保获得端口的全部带宽，并且只有地址为该特定安全 MAC 地址的工作站时才能成功连接到该交换机端口。

如果端口已配置为安全端口，并且安全 MAC 地址的数量已达到最大值，那么当尝试访问该端口的工作站的 MAC 地址进入时，会被发现不同于任何已确定的安全 MAC 地址，会发生安全违规。

总的来说，在所有交换机端口上实施安全措施，可以实现以下目的：

1）在端口上指定一组允许的有效 MAC 地址。

2）在任一时刻只允许一个 MAC 地址访问端口。

3）指定端口在检测到未经授权的 MAC 地址时自动关闭。

配置端口安全性有很多方法。下面讲述可在神州数码交换机上配置端口安全性的方法。

静态安全 MAC 地址：静态 MAC 地址是使用"switchport port-security mac-address mac-address"接口配置命令手动配置的。以此方法配置的 MAC 地址存储在地址表中，并添加到交换机的运行配置中。

动态安全 MAC 地址：动态 MAC 地址是动态获取的，并且仅存储在地址表中。以此方式配置的 MAC 地址在交换机重新启动时将被移除。

黏滞安全 MAC 地址：可以将端口配置为动态获得 MAC 地址，然后将这些 MAC 地址保存到运行配置中。

黏滞安全 MAC 地址有以下特性：

当使用"switchport port-security mac-address sticky"接口配置命令在接口上启用黏滞获取时，接口将所有动态安全 MAC 地址（包括那些在启用黏滞获取之前动态获得的 MAC 地址）转换为黏滞安全 MAC 地址，并将所有黏滞安全 MAC 地址添加到运行配置。

如果使用"no switchport port-security mac-address sticky"接口配置命令禁用黏滞获取，则黏滞安全 MAC 地址仍作为地址表的一部分，但是已从运行配置中移除。已经被删除的地址可以作为动态地址被重新配置和添加到地址表中。

使用"switchport port-security mac-address sticky mac-address"接口配置命令配置黏滞安全 MAC 地址时，这些地址将添加到地址表和运行配置中。如果禁用端口安全性，则黏滞安全 MAC 地址仍保留在运行配置中。

如果将黏滞安全 MAC 地址保存在配置文件中，则当交换机重新启动或者接口关闭时，接口不需要重新获取这些地址。如果不保存黏滞安全地址，则它们将丢失。如果黏滞获取被禁用，黏滞安全 MAC 地址则被转换为动态安全地址，并被从运行配置中删除。

如果禁用黏滞获取并输入"switchport port-security mac-address sticky mac-address"接口配置命令，则会出现错误消息，并且黏滞安全 MAC 地址不会添加到运行配置中。

当出现以下任一情况时，则会发生安全违规：

1）地址表中添加了最大数量的安全 MAC 地址，有工作站试图访问接口，而该工作站的 MAC 地址未出现在该地址表中。

2）在一个安全接口上获取或配置的地址出现在同一个 VLAN 中的另一个安全接口上。

根据出现违规时要采取的操作，可以将接口配置为 3 种违规模式之一。

保护：当安全 MAC 地址的数量达到端口允许的限制时，带有未知源地址的数据包将被丢弃，直至移除足够数量的安全 MAC 地址或增加允许的最大地址数。不会得到发生安全违规的通知。

限制：当安全 MAC 地址的数量达到端口允许的限制时，带有未知源地址的数据包将被丢弃，直至移除足够数量的安全 MAC 地址或增加允许的最大地址数。在此模式下，会得到发生安全违规的通知。具体而言，就是将有 SNMP 陷阱发出、syslog 消息记入日志，违规计数器的计数增加。

关闭：在此模式下，端口安全违规将造成接口立即变为错误禁用（error-disabled）状态，并关闭端口 LED。该模式还会发送 SNMP 陷阱、将 syslog 消息记入日志，增加违规计数器的计数。当安全端口处于错误禁用状态时，先输入"shutdown"再输入"no shutdown"接口配置命令可使其脱离此状态。此模式为默认模式。

通过端口安全性防止 MAC 地址泛洪攻击典型的配置如下：

Switch（config）#mac-address-learning cpu-control

Switch（config）#no mac-address-learning cpu-control（默认）

Switch（config-if-ethernet1/0/2）#switchport port-security

Switch（config-if-ethernet1/0/2）#no switchport port-security（默认）

Switch（config-if-ethernet1/0/2）#switchport port-security maximum 5

Switch（config-if-ethernet1/0/2）#switchport port-security maximum 1（默认）

2.1.3 MAC 攻击解决方案 2：AM

AM（Access Management，访问管理）是指当交换机收到 IP 报文或 ARP 报文时，它用收到报文的信息（源 IP 地址或者源 MAC-IP 地址）与配置硬件地址池相比较，如果在配置硬件地址池中找到与收到的报文相匹配的信息（源 IP 地址或者源 MAC-IP 地址）则转发该报文，否则丢弃。之所以在基于源 IP 地址的访问管理上增加基于源 MAC-IP 的访问管理，是因为对主机而言 IP 地址是可变的。如果只有 IP 绑定，则用户可以把主机 IP 地址改为转发 IP，从而使本主机发出的报文能够被交换机转发。而 MAC-IP 可以与主机唯一绑定，所以为了防止用户恶意修改主机 IP 地址来使本主机发出的报文能被交换机转发，MAC-IP 的绑定是必要的。通过 AM 访问管理的端口绑定特性，网络管理员可以将合法用户的 IP（MAC-IP）地址绑定到指定的端口上。进行绑定操作后，只有指定 IP（MAC-IP）地址的用户发出的报文才能通过该端口转发，增强了用户对网络安全的监控。由于 AM 可定义交换机端口→主机 MAC →主机 IP 之间的映射，所以当交换机配置的 AM 的端口收到未授权的源 MAC 地址数据帧时，交换机不会将其源 MAC 地址放入 MAC 地址表中，这样有效阻止了 MAC 地址泛洪攻击和 MAC 地址欺骗攻击，典型的AM 配置如下：

（1）交换机全局模式下启用 Access Management

am enable（默认：deny any mac-ip）

（2）端口启用 Access Management，过滤 Ethernet Frame Source mac-ip

Interface Ethernet1/0/2

am port

am mac-ip-pool 00-0c-29-8f-46-42 192.168.1.99

Interface Ethernet1/0/4

am port

am mac-ip-pool 00-16-31-f2-bb-78 192.168.1.100

...

✏️ 习　题

1. 如果到达交换机的帧中包含的源 MAC 地址没有列在 MAC 地址表中，将如何处理？
（　　）

    A. 过期　　　　　　　B. 过滤　　　　　　　C. 泛洪　　　　　　　D. 学习

2. 当一个无线终端通过认证后，攻击者可以通过无线探测工具得到合法终端的 MAC 地址，通过修改自身的 MAC 地址与其相同，再通过其他途径使得合法用户不能工作，从而冒充合法用户，这种攻击方式称为（　　　）。

    A. 中间人攻击　　　　　　　　　　　B. 会话劫持攻击

    C. 漏洞扫描攻击　　　　　　　　　　D. 拒绝服务攻击

3. 端口安全的作用是（　　）。

    A. 防止恶意用户使用 MAC 地址攻击的方式使网络瘫痪

    B. 防止恶意用户使用 IP 地址攻击的方式使网络瘫痪

    C. 防止恶意用户使用病毒对网络进行攻击

    D. 防止用户使用恶意攻击软件

4. 利用 ARP 的协议漏洞，通过伪造 IP 地址和 MAC 地址发送大量虚假 ARP 报文，导致网络用户上网不稳定，甚至网络短时瘫痪。这种攻击行为属于（　　）。

    A. 拒绝服务攻击　　　　　　　　　　B. 非服务攻击

    C. 漏洞入侵　　　　　　　　　　　　D. 缓冲区溢出漏洞攻击

5. 当网关收到一个数据帧目的为自己的 MAC 时，网关如何操作？（　　　）

    A. 根据目的转发　　　　　　　　　　B. 泛洪

    C. 读取内容　　　　　　　　　　　　D. 丢弃

6. MAC 攻击有哪些方式？

7. MAC 攻击有哪些防范方式？

2.2 DHCP 攻击及其解决方案

学习目标

理解 DHCP 地址获取流程，了解 DHCP 攻击方式，掌握 DHCP 攻击解决方式 DHCP Snooping。

2.2.1 DHCP 攻击介绍：DHCP Starvation

DHCP 服务器主要的作用是为局域网中的用户终端分配 IP 地址，这个过程需要经过如图 2-12 所示的步骤。

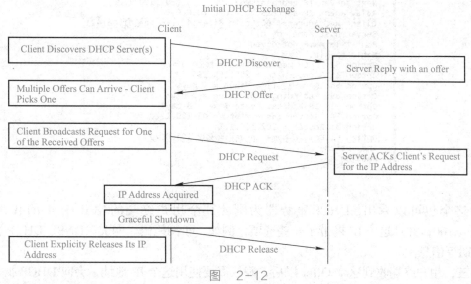

图 2-12

首先，用户访问网络使用终端向其所在网络发送 DHCP Discover 数据包，用于请求这个终端所使用的访问网络的 IP 地址，如图 2-13 所示。

```
■ Bootstrap Protocol
    Message type: Boot Request (1)
    Hardware type: Ethernet
    Hardware address length: 6
    Hops: 0
    Transaction ID: 0x89eba190
    Seconds elapsed: 3584
  ■ Bootp flags: 0x0000 (Unicast)
    Client IP address: 0.0.0.0 (0.0.0.0)
    Your (client) IP address: 0.0.0.0 (0.0.0.0)
    Next server IP address: 0.0.0.0 (0.0.0.0)
    Relay agent IP address: 0.0.0.0 (0.0.0.0)
    Client MAC address: 00:0c:29:8f:46:42 (Vmware_8f:46:42)
    Server host name not given
    Boot file name not given
    Magic cookie: (OK)
    Option 53: DHCP Message Type = DHCP Discover
    Option 116: DHCP Auto-Configuration (1 bytes)
  ■ Option 61: Client identifier
    Option 50: Requested IP Address = 202.100.1.10
    Option 12: Host Name = "acer-5006335e97"
    Option 60: Vendor class identifier = "MSFT 5.0"
  ■ Option 55: Parameter Request List
    Option 43: Vendor-Specific Information (2 bytes)
    End Option
```

图 2-13

从这个包可以看出，用户终端没有任何 IP 地址，为 0.0.0.0，但是它通过一个 Client MAC 地址向 DHCP 服务器申请 IP 地址。

第二，DHCP 服务器收到这个请求，会为用户终端回送 DHCP Offer，如图 2-14 所示。

```
⊟ Bootstrap Protocol
   Message type: Boot Reply (2)
   Hardware type: Ethernet
   Hardware address length: 6
   Hops: 0
   Transaction ID: 0x89eba190
   Seconds elapsed: 0
 ⊟ Bootp flags: 0x0000 (Unicast)
   Client IP address: 0.0.0.0 (0.0.0.0)
   Your (client) IP address: 202.100.1.100 (202.100.1.100)
   Next server IP address: 202.100.1.20 (202.100.1.20)
   Relay agent IP address: 0.0.0.0 (0.0.0.0)
   Client MAC address: 00:0c:29:8f:46:42 (Vmware_8f:46:42)
   Server host name not given
   Boot file name not given
   Magic cookie: (OK)
   Option 53: DHCP Message Type = DHCP Offer
   Option 1: Subnet Mask = 255.255.255.0
   Option 58: Renewal Time Value = 4 days
   Option 59: Rebinding Time Value = 7 days
   Option 51: IP Address Lease Time = 8 days
   Option 54: Server Identifier = 202.100.1.20
   Option 3: Router = 202.100.1.1
   Option 6: Domain Name Server = 202.106.0.20
   End Option
   Padding
```

图　2-14

从这个包可以看出，DHCP 服务器为刚才那个用户终端的 MAC 分配的 IP 地址为 202.100.1.100，并且这个 IP 携带了一些选项，例如，子网掩码、网关、DNS、DHCP 服务器 IP、租期等信息。

第三，用户终端收到这个 Offer 以后，确认需要使用这个 IP 地址，会向 DHCP 服务器继续发送 DHCP Request，如图 2-15 所示。

```
⊟ Bootstrap Protocol
   Message type: Boot Request (1)
   Hardware type: Ethernet
   Hardware address length: 6
   Hops: 0
   Transaction ID: 0x89eba190
   Seconds elapsed: 3584
 ⊟ Bootp flags: 0x0000 (Unicast)
   Client IP address: 0.0.0.0 (0.0.0.0)
   Your (client) IP address: 0.0.0.0 (0.0.0.0)
   Next server IP address: 0.0.0.0 (0.0.0.0)
   Relay agent IP address: 0.0.0.0 (0.0.0.0)
   Client MAC address: 00:0c:29:8f:46:42 (Vmware_8f:46:42)
   Server host name not given
   Boot file name not given
   Magic cookie: (OK)
   Option 53: DHCP Message Type = DHCP Request
 ⊞ Option 61: Client identifier
   Option 50: Requested IP Address = 202.100.1.100
   Option 54: Server Identifier = 202.100.1.20
   Option 12: Host Name = "acer-5006335e97"
 ⊞ Option 81: FQDN
   Option 60: Vendor class identifier = "MSFT 5.0"
 ⊞ Option 55: Parameter Request List
   Option 43: Vendor-Specific Information (3 bytes)
   End Option
```

图　2-15

从这个包可以看出，用户终端请求 IP 地址为 202.100.1.100。

第四，DHCP 服务器再次收到来自这个用户终端的请求，会回送 DHCP ACK 包进行确认。至此，用户终端获得 DHCP 服务器为其分配的 IP 地址，如图 2-16 所示。

```
⊟ Bootstrap Protocol
    Message type: Boot Reply (2)
    Hardware type: Ethernet
    Hardware address length: 6
    Hops: 0
    Transaction ID: 0x89eba190
    Seconds elapsed: 0
  ⊞ Bootp flags: 0x0000 (Unicast)
    Client IP address: 0.0.0.0 (0.0.0.0)
    Your (client) IP address: 202.100.1.100 (202.100.1.100)
    Next server IP address: 0.0.0.0 (0.0.0.0)
    Relay agent IP address: 0.0.0.0 (0.0.0.0)
    Client MAC address: 00:0c:29:8f:46:42 (Vmware_8f:46:42)
    Server host name not given
    Boot file name not given
    Magic cookie: (OK)
    Option 53: DHCP Message Type = DHCP ACK
    Option 58: Renewal Time Value = 4 days
    Option 59: Rebinding Time Value = 7 days
    Option 51: IP Address Lease Time = 8 days
    Option 54: Server Identifier = 202.100.1.20
    Option 1: Subnet Mask = 255.255.255.0
  ⊞ Option 81: FQDN
    Option 3: Router = 202.100.1.1
    Option 6: Domain Name Server = 202.106.0.20
    End Option
    Padding
```

图　2-16

　　DHCP Starvation 是用虚假的 MAC 地址广播 DHCP 请求。用诸如 Yersinia 这样的软件可以很容易做到这点。如果发送了大量的请求，则攻击者可以在一定时间内耗尽 DHCP Server 提供的地址空间。这种简单的资源耗尽式攻击类似于 SYN flood。接着，攻击者可以在他的系统上仿冒一个 DHCP 服务器来响应网络上其他客户的 DHCP 请求。耗尽 DHCP 地址后不需要对一个假冒的服务器进行通告，如 RFC2131 所述："客户端收到多个 DHCP Offer，从中选择一个（比如，第一个或用上次向他提供 Offer 的那个 Server），然后从里面的服务器标识（Server Identifier）项中提取服务器地址。客户收集信息和选择哪一个 Offer 的机制由具体实施而定。"如图 2-17 和图 2-18 所示。

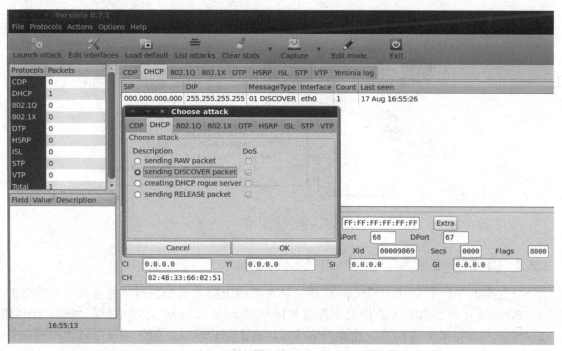

图　2-17

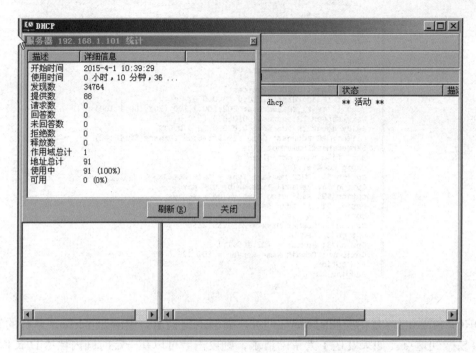

图 2-18

2.2.2 DHCP 攻击介绍: DHCP Spoofing

设置了假冒的 DHCP 服务器后，攻击者就可以向客户机提供地址和其他网络信息了。DHCP 回应一般包括了默认网关和 DNS 服务器信息，攻击者可以借用 DHCP 回应告知 DHCP 客户机默认网关的 IP 地址为攻击者自身的 IP 地址，以此实现对信息的窃取，如图 2-19 所示。

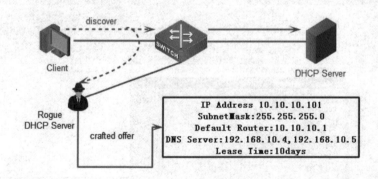

图 2-19

2.2.3 DHCP 攻击解决方案: DHCP Snooping

当交换机开启了 DHCP Snooping 后，会对 DHCP 报文进行侦听，并可以从接收到的 DHCP Request 或 DHCP Ack 报文中提取并记录 IP 地址和 MAC 地址信息。另外，DHCP Snooping 允许将某个物理端口设置为信任端口或不信任端口。信任端口可以正常接收并转发 DHCP Offer 报文，而不信任端口会将接收到的 DHCP Offer 报文丢弃。这样，可以完成交换机对假冒 DHCP Server 的屏蔽，确保客户端从合法的 DHCP Server 获取 IP 地址，如图 2-20 所示。

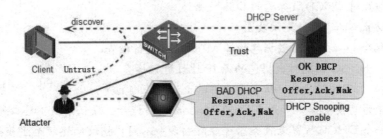

图 2-20

典型的配置如下：

1）启用 DHCP Snooping。

Switch（config）#ip dhcp snooping enable

2）定义启用 DHCP Snooping 的 VLAN。

Switch（config）#ip dhcp snooping vlan 1

3）在连接 DHCP 客户机的接口限制 DHCP Discover 数据包的发送速度，防止 DHCP Starvation 攻击。

Switch（config-if-ethernet1/0/4）#ip dhcp snooping limit rate <rate>

4）交换机启用 DHCP Snooping 之后，所有的接口默认不能接收 DHCP Offer、DHCP ACK 数据包；为了能使连接正常 DHCP 服务器的接口收到 DHCP Offer、DHCP ACK 数据包，需要将交换机连接正常 DHCP 服务器的接口设置为 dhcp snooping trust 模式。

Switch（config-if-ethernet1/0/4）#ip dhcp snooping trust

习 题

1. 下列哪个不属于 DHCP 的攻击？（　　）

 A. 使服务器 IP 地址池枯竭的攻击

 B. 攻击者不断发起广播 DHCP 服务器查询消息，使网络上充斥大量广播

 C. 攻击者模拟服务器对客户响应 IP，让客户获得虚假的 IP 地址

 D. 攻击者控制网络中的交换路由设备，对网络造成威胁

2. DHCP 监听（DHCP Snooping）是一种 DHCP 安全特性，可以有效防范 DHCP Snooping 攻击，以下哪条不是该安全特性的描述？（　　）

 A. 比较 DHCP 请求报文的（报文头里的）源 MAC 地址和（报文内容里的）DHCP 客户机的硬件地址（即 CHADDR 字段）是否一致

 B. 将交换机端口划分为信任端口和非信任端口两类

 C. 限制端口被允许访问的 MAC 地址的最大条目

 D. 对端口的 DHCP 报文进行限速

3. DHCP Snooping 作为有效的安全机制，可以防止以下哪些攻击？（　　　）

    A. 防止 DHCP 仿冒攻击

    B. 防止对 DHCP 服务器的 DoS 攻击

    C. 防止 MAC 地址泛洪攻击

    D. 结合 DAI 功能对数据包的源 MAC 地址进行检查

    E. 结合 IPSG 功能对数据包的源 IP 地址进行检查

4. 下列关于 DHCP Server 仿冒者攻击的说法，正确的是？（　　　）

    A. 华为交换机接口下开启 DHCP Snooping 功能后，默认情况下接口处于信任状态

    B. 一个 DHCP 仿冒者服务器可以影响多个不同广播域的终端无法获得正确的 IP 地址和网络参数

    C. DHCP Server 仿冒者攻击通过仿冒 DHCP 服务器向终端下发错误的 IP 地址和网络参数，导致用户无法上网

    D. 在华为二层接入交换机上使用 DHCP Snooping 功能并开启信任接口，能够有效保证客户端从合法 DHCP Server 上获取 IP 地址和网络参数

5. 下列关于 DHCP Server 拒绝服务攻击的说法中，正确的是？（　　　）

    A. DHCP 拒绝服务攻击通过控制大量终端同时发送地址请求消息来消耗地址池资源

    B. DHCP 拒绝服务攻击通过不断修改 DHCP request 报文中的 CHADDR 字段来消耗地址资源

    C. DHCP 拒绝服务攻击会将 DHCP 地址池中的 IP 地址资源快速耗尽

    D. DHCP 服务器地址资源被耗尽后将不会再处理和响应 DHCP 请求报文

6. DHCP 攻击有哪些方式？

7. 针对 DHCP 攻击如何防范？

2.3 ARP 攻击及其解决方案

学习目标

    理解 ARP 解析流程，掌握 ARP 中间人攻击流程，掌握 ARP 攻击防范：AM 端口、DAI、Isolated 技术。

2.3.1 ARP 攻击介绍：ARP DoS

    ARP（Address Resolution Protocol，地址解析协议）是一种将 IP 地址转化成物理地址的协议。从 IP 地址到物理地址的映射有两种方式：表格方式和非表格方式。ARP 具体来说就是将网络层（相当于 OSI 的第三层）的地址解析为数据链路层（相当于 OSI 的第二层）的物理地址（注：此处物理地址并不一定指 MAC 地址）。

    例如，主机 A 要向主机 B 发送报文，会查询本地的 ARP 缓存表，找到 B 的 IP 地址

对应的 MAC 地址后，就会进行数据传输。如果未找到，则 A 广播一个 ARP 请求报文（携带主机 A 的 IP 地址 Ia、物理地址 Pa），请求 IP 地址为 Ib 的主机 B 回答物理地址 Pb。网上所有主机包括 B 都收到 ARP 请求，但只有主机 B 识别自己的 IP 地址，于是向主机 A 发回一个 ARP 响应报文。其中就包含有 B 的 MAC 地址，A 接收到 B 的应答后，就会更新本地的 ARP 缓存。接着使用这个 MAC 地址发送数据（由网卡附加 MAC 地址）。因此，本地高速缓存的这个 ARP 表是本地网络流通的基础，而且这个缓存是动态的，如图 2-21～图 2-24 所示。

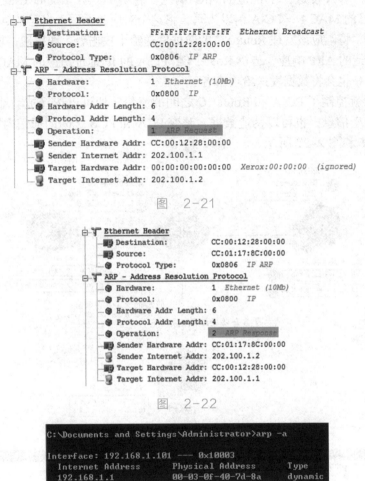

图 2-21

图 2-22

图 2-23

图 2-24

了解了什么是 ARP 的工作原理之后，利用这个原理，就可以进行 DoS（拒绝服务）攻击；ARP DoS（拒绝服务）攻击就是通过伪造 IP 地址和 MAC 地址实现 ARP 欺骗，能够在网络中产生大量的 ARP 通信量使网络阻塞，攻击者只要持续不断地发出伪造的 ARP 响应包就能更改目标主机 ARP 缓存中的 IP-MAC 条目，造成网络中断，如图 2-25 所示。

```
root@bt:~# arpspoof -t 192.168.1.101 192.168.1.1
0:c:29:4e:c7:10 52:54:0:b3:56:44 0806 42: arp reply 192.168.1.1 is-at 0:c:29:4e:c7:10
0:c:29:4e:c7:10 52:54:0:b3:56:44 0806 42: arp reply 192.168.1.1 is-at 0:c:29:4e:c7:10
0:c:29:4e:c7:10 52:54:0:b3:56:44 0806 42: arp reply 192.168.1.1 is-at 0:c:29:4e:c7:10
0:c:29:4e:c7:10 52:54:0:b3:56:44 0806 42: arp reply 192.168.1.1 is-at 0:c:29:4e:c7:10
                              root : arpspoof
```

图 2-25

2.3.2 ARP 攻击介绍: The man in the middle ARP

攻击者 B 向 PC A 发送一个伪造的 ARP 响应,告诉 PC A: Router C 的 IP 地址对应的 MAC 地址是自己的 MAC B, PC A 信以为真,将这个对应关系写入自己的 ARP 缓存表中,以后发送数据时,将本应该发往 Router C 的数据发送给了攻击者。同样地,攻击者向 Router C 也发送一个伪造的 ARP 响应,告诉 Router C: PC A 的 IP 地址对应的 MAC 地址是自己的 MAC B, Router C 也会将数据发送给攻击者。

至此攻击者就控制了 PC A 和 Router C 之间的流量,他可以选择被动地监测流量、获取密码和其他涉密信息,也可以伪造数据,改变 PCA 和 PCB 之间的通信内容(如 DNS 欺骗),如图 2-26 和图 2-27 所示。

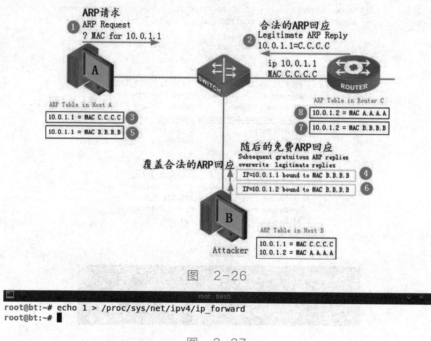

图 2-26

```
                              root : bash
root@bt:~# echo 1 > /proc/sys/net/ipv4/ip_forward
root@bt:~#
```

图 2-27

2.3.3 ARP 攻击解决方案 1: AM

使用 AM 防止 ARP 攻击的具体操作可参照 2.1.3 节的内容。

AM(Access Management,访问管理)是指当交换机收到 IP 报文或 ARP 报文时,它用收到报文的信息(源 IP 地址或者源 MAC-IP 地址)与配置硬件地址池相比较,如果在配置硬件地址池中找到与收到的报文相匹配的信息(源 IP 地址或者源 MAC-IP 地址)则转发该报文,否则丢弃。在解决 MAC 地址泛洪攻击和 MAC 地址欺骗攻击时,AM 技术过滤 Ethernet Frame Source mac → Source ip 之间的映射,在这里 AM 技术过滤 ARP 包中 ARP

Sender mac → ARP Sender ip 之间的映射，如果是 ARP 欺骗数据包，那么 ARP 包中 ARP Sender mac → ARP Sender ip 之间的映射一定和主机真实的 MAC → IP 映射是不一致的，所以 AM 技术也可以有效防止 ARP 欺骗。

典型的配置如下：

1）交换机全局模式下启用 Access Management。

am enable（默认：deny any mac-ip）

2）端口启用 Access Management，过滤 ARP 包中 ARP Sender mac → ARP Sender ip。

Interface Ethernet1/0/2

am port

am mac-ip-pool 00-0c-29-8f-46-42 192.168.1.99

Interface Ethernet1/0/4

am port

2.3.4　ARP 攻击解决方案 2：DAI（Dynamic ARP Inspection）

AM（IP-MAC-PORT）绑定是在交换机上面静态绑定网络内主机的 IP-MAC-PORT 的对应关系，在网络内主机数目比较少的情况下，使用 IP-MAC-PORT 绑定是比较方便的。当网络内主机的数目比较多的时候，这种方式就比较烦琐。

这时可采用 DHCP Snooping 方式来解决这个问题。对于大型网络，采用 DHCP 服务器为网络内的主机来自动分配 IP 地址，这时可以开启交换机上面的 DHCP Snooping 功能，DHCP Snooping 可以自动学习 IP-MAC-PORT 之间的映射，并将学习到的 IP-MAC-PORT 对应关系保存到交换机的本地数据库中。在客户机发送的数据或 ARP 数据包，只有和数据库中 IP-MAC-PORT 条目匹配正确时，数据或 ARP 数据包才能通过相应的端口进行传输。如果这个时候网络内某个主机对其他主机发送 ARP 欺骗数据包，则交换机会将阻止数据传输，来保护网络的安全，如图 2-28 所示。

```
DCRS-5650-28(R4)#show ip dhcp snooping binding all
ip dhcp snooping static binding count:1, dynamic binding count:1

MAC                  IP address        Interface        Vlan ID   Flag
------------------------------------------------------------------------
00-0c-29-8f-46-42    192.168.1.99      Ethernet1/0/2      1        SL

00-0c-29-5c-d3-a7    192.168.1.110     Ethernet1/0/2      1        DL

------------------------------------------------------------------------
DCRS-5650-28(R4)#
```

图 2-28

通常的配置步骤如下：

1）启用 DHCP Snooping。

ip dhcp snooping enable

ip dhcp snooping vlan 1

Interface Ethernet1/0/4

ip dhcp snooping trust

2）启用 DHCP Snooping binding 功能。

ip dhcp snooping binding enable

3）对于静态 IP，手工建立 DHCP Snooping binding 数据库条目（由于客户端设置静态 IP 无须和 DHCP 服务器之间交互 DHCP 信息）。

ip dhcp snooping binding user 00–0c–29–8f–46–42 address 192.168.1.99 vlan 1 interface Ethernet1/0/2

4）端口启用 DHCP Snooping binding，过滤 ARP Sender mac–ip、Ethernet Frame Source mac–ip（默认：deny any mac–ip）。

Interface Ethernet1/0/2
ip dhcp snooping binding user–control

2.3.5 ARP 攻击解决方案 3：Isolated VLAN

PVLAN（Private VLAN）的主要作用就是实现同一 VLAN 下计算机的相互隔离。在传统的 VLAN 环境下，同一 VLAN 下的主机是可以相互通信的，为了保证通信的相对安全性，要求同一 VLAN 下的主机隔离，可以采用 PVLAN 技术。在用户的角度看存在第二层 vlan201 和 vlan202，但在运营商的角度看它们都在第一层 vlan100 中。Primary VLAN 和它所关联的 Isolated VLAN、Community VLAN 都可以通信，如图 2–29 所示。

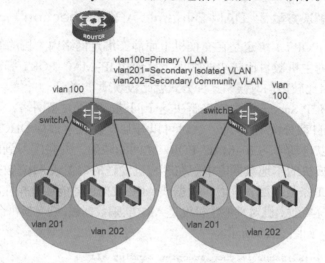

图 2–29

Isolated VLAN 和 Community VLAN 都属于 Secondary VLAN，它们之间的区别是：同属于一个 Isolated VLAN 的主机不可以互相通信，同属于一个 Community VLAN 的主机可以互相通信。但它们都可以和所关联的 Primary VLAN 通信。在交换机内部，PVLAN 技术是通过设置端口的 VID 和 PVID 实现的，如图 2–30 所示。

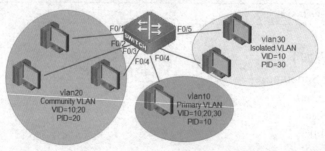

图 2–30

由于在 Isolated VLAN 中，每个 Isolated VLAN 的端口到 Primary VLAN 的端口之间都是一条点对点的链路，在这种环境下，由于在同一条点对点的链路上无法插入 ARP 中间人，无法实现 ARP 欺骗。例如，在小区宽带的环境中无法实现 ARP 欺骗攻击。

✎ 习　题

1. 黑客实施 ARP 攻击是怎样进行的？（　　　）

    A. 向受害主机发送虚假 ARP 请求包，将第三方的 IP 地址指向攻击者自己主机的 MAC 地址

    B. 向受害主机发送虚假 ARP 应答包，将第三方的 IP 地址指向攻击者自己主机的 MAC 地址

    C. 向受害主机发送虚假 ARP 请求包，将攻击者自己主机的 IP 地址指向第三方的 MAC 地址

    D. 向受害主机发送虚假 ARP 应答包，将攻击者自己主机的 IP 地址指向第三方的 MAC 地址

2. 以下哪些报文构成 ARP Spoofing 攻击？（　　　）

    A. 源 MAC 和 ARP 头的源 MAC 不一致，DFIN 和 ACK 同时置 1

    B. 源 MAC 为广播地址

    C. 目的 MAC 为广播地址

    D. ARP 头目的 MAC 为广播地址

3. 通过发送大量虚假报文，伪造默认网关 IP 地址、MAC 地址，导致上网不稳定。这种攻击行为属于（　　　）。

    A. 拒绝服务攻击　　　　　　　　　　　B. ARP 欺骗

    C. 缓冲区溢出攻击　　　　　　　　　　D. 漏洞入侵

4. 能够有效防止网络地址欺骗攻击（ARP 攻击）的措施有（　　　）。

    A. 对网络中的所有计算机进行实名登记，登记计算机 IP 地址、MAC 地址和使用人姓名、部门等

    B. 对网络中的设备进行 IP 地址和 MAC 地址绑定

    C. 开启计算机安全防护软件的 ARP 防护功能

    D. 在计算机中部署 ARP 防火墙

5. 下列哪一项不是防范 ARP 欺骗攻击的方法？（　　　）

    A. 安装对 ARP 欺骗工具的防护软件

    B. 采用静态的 ARP 缓存，在各主机上绑定网关的 IP 地址和 MAC 地址

    C. 在网关上绑定各主机的 IP 地址和 MAC 地址

    D. 经常检查系统的物理环境

6. ARP 攻击有哪些方式？

7. 针对 STP 攻击如何防范？

2.4 生成树攻击及其解决方案

学习目标

理解 STP 选举流程，掌握 STP 根桥攻击，BPDU 泛洪攻击流程，掌握 STP 攻击防范：ROOT Guard、BPDU Guard、BPDU Filter 技术。

2.4.1 STP 攻击介绍：STP Spoofing

图 2-31 所示为 TaoJin 公司内部局域网冗余拓扑结构。在这个拓扑结构中，接入层交换机连接至汇聚层交换机的链路由于可靠性要求，需要实现冗余，而冗余的同时会存在网络环路，而网络环路会产生广播风暴之类的问题，所以这就要求交换机之间采用生成树的机制选择交换机之间的最优路径作为主链路，而将其他备份链路临时阻塞，待主链路失效后再将备份链路启用，这样就可以在设置备份链路的同时避免出现网络环路。

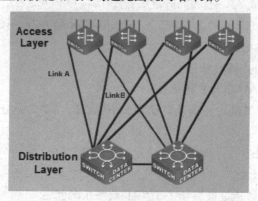

图 2-31

使用 STP 的所有交换机都通过 BPDU（网桥协议数据单元）来共享信息，BPDU 每 2s 就发送一次。交换机发送 BPDU 时，里面含有 Bridge ID，这个 Bridge ID 结合了可配置的优先数（默认值是 32 768）和交换机的基本 MAC 地址。交换机可以发送并接收这些 BPDU，以确定哪个交换机拥有最低的 BridgeID，拥有最低 BridgeID 的那个交换机成为根 Bridge（root bridge），如图 2-32 和图 2-33 所示。

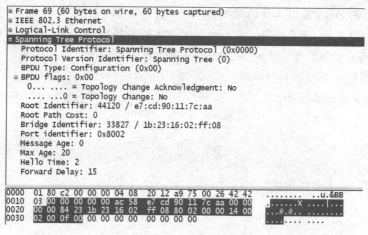

图 2-32

```
DCRS-5650-28(R4)#show spanning-tree

                  -- STP Bridge Config Info --

Standard      :  IEEE 802.1d
Bridge MAC    :  00:03:0f:40:7d:8b
Bridge Times  :  Max Age 20, Hello Time 2, Forward Delay 15
Force Version:  0

##########################################################
Self Bridge Id  : 0.00:03:0f:40:7d:8b
Root Id         : this switch
Ext.RootPathCost : 0
Root Port ID    : 0

    PortName        ID      ExtRPC  State Role     DsgBridge         DsgPort
    ------------- --------- ------- ----- ----     ---------------   -------
    Ethernet1/0/2 128.002        0  FWD   DSGN     0.00030f407d8b    128.002
    Ethernet1/0/4 128.004        0  FWD   DSGN     0.00030f407d8b    128.004
    Ethernet1/0/6 128.006        0  FWD   DSGN     0.00030f407d8b    128.006
DCRS-5650-28(R4)#_
```

图 2-33

Bridge ID 为 0.00:03:0f:40:7d:8b 的交换机为根交换机。

选择好根交换机之后，同一个广播域中其余的交换机就会以根交换机为基准，基于 Cost 值计算到达根交换机的最优路径，这个 Cost 值与链路的带宽成反比，这个到达根交换机的最优路径就作为每个非根交换机到达根交换机的主链路，而每个非根交换机到达根交换机的非主链路，都作为备份链路，需要临时处于阻塞状态，直到主链路失效，交换机会在备份链路中重新选择新的主链路，再开启这条链路。

多个交换机运行生成树协议后，会选举一个根交换机，如果攻击者向其广播域发送一个生成树消息，则该消息拥有比当前根交换机还要小的 BridgeID，让多个交换机重新选举，并选择该攻击者为根交换机。这样该攻击者就达到了抢占根交换机的目的，如图 2-34 所示。

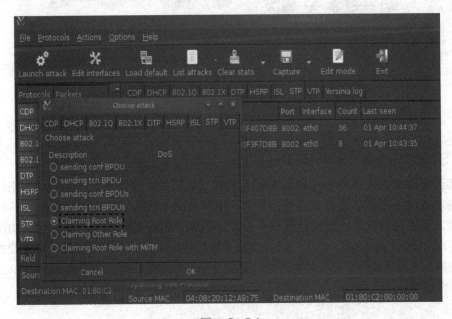

图 2-34

Yersinia 可以向所在域发送欺骗消息，达到伪装根交换机的目的。

在 Ubuntu 下执行 "Yersinia stp –attack 5" 命令，如图 2-35 所示。

```
DCRS-5650-28(R4)#show spanning-tree

                 -- STP Bridge Config Info --

Standard      : IEEE 802.1d
Bridge MAC    : 00:03:0f:40:7d:8b
Bridge Times  : Max Age 20, Hello Time 2, Forward Delay 15
Force Version: 0

############################################################
Self Bridge Id    : 0.00:03:0f:40:7d:8b
Root Id           : 0.00:03:0f:3f:7d:8b
Ext.RootPathCost  : 199999
Root Port ID      : 128.2

  PortName        ID       ExtRPC  State Role   DsgBridge           DsgPort
-------------- -------- --------- --- ---- ------------------- -------
  Ethernet1/0/2 128.002          0 FWD  ROOT  0.00030f3f7d8b 128.002
  Ethernet1/0/4 128.004     199999 FWD  DSGN  0.00030f407d8b 128.004
  Ethernet1/0/6 128.006     199999 FWD  DSGN  0.00030f407d8b 128.006
DCRS-5650-28(R4)#_
```

图 2-35

如图 2-36 所示，在没有 STP Spoofing 的情况下，A 和 B 主机之间通信，流量由 A 经过交换机 1、交换机 2、交换机 3、交换机 4，然后到达主机 B，由于交换机 2 和交换机 3 拥有更低的 Bridge ID，阻塞链路为交换机 1 和交换机 4 之间的链路；现在由于 Yersinia 主机成了根交换机，交换机 2 和交换机 3 之间的链路、交换机 1 和交换机 4 之间的链路成了阻塞链路，主机 A 和主机 B 之间的流量将经过 Yersinia 主机进行通信，从而使 Yersinia 主机成为网络的监听者。

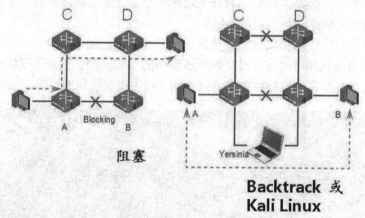

图 2-36

2.4.2 STP 攻击介绍：STP BPDU DoS

黑客还可以利用假冒的 BPDU 数据帧来消耗交换机的资源，从而达到破坏网络环境的目的。攻击者连续不断地、交替发送伪造的高、低优先级 BPDU，使得网络中的交换机忙于计算生成树，无法提供正常的数据转发服务，进而达到拒绝服务攻击的效果。伪造的高优先级 BPDU 报文用于抢占根结点，低优先级报文用于释放根结点，这两类报文除了会使交换机忙于计算生成树，还会导致网络拓扑结构不断变化、处于不稳定的状态，如图 2-37～图 2-39 所示。

```
DCRS-5650-28(R4)#show cpu utilization

Last  5 second CPU USAGE:    0%
Last 30 second CPU USAGE:    2%
Last  5 minute CPU USAGE:    2%
From  running  CPU USAGE:    2%
```

图 2-37

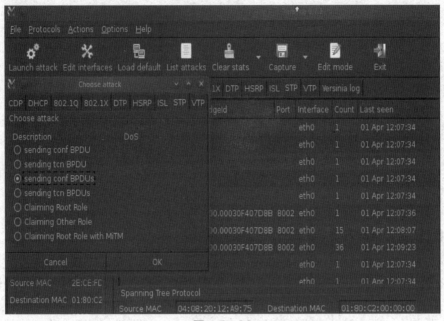

图 2-38

```
DCRS-5650-28(R4)#show cpu utilization

Last   5 second CPU USAGE:    71%
Last  30 second CPU USAGE:    31%
Last   5 minute CPU USAGE:    16%
From   running  CPU USAGE:     3%
```

图 2-39

2.4.3 STP 攻击解决方案 1: Root Guard

如果一个端口启动了此特性，则当它收到一个比根网桥优先值更优的 BPDU 包时，它会立即阻塞该端口，使之不能形成环路等情况。这个端口特性是动态的，当没有收到更优的包时，此端口又会自己变成转发状态了。ROOT Guard 在 DP（Designated Port）指定的端口上做，该端口就不会改变状态了，这样可以防止新加入的交换机成为 root，该端口变成永久 DP。

Root Guard 在阻止 2 层环路上有非常显著的效果，Root Guard 强制性将端口设置为 designated 状态从而阻止其他交换机成为根交换机。如果在开启了 Root Guard 功能的接口上收到了一个优先级更高的 BPDU，宣称自己才是根桥，那么交换机会将这个接口状态变为 root-inconsistent 状态，这个状态相当于端口在生成树协议中的 Listening 状态，原根桥保持原有的优先地位。

Root Guard 不像其他 STP 的增强特性一样可以在全局模式下开启，它只能手动在所有需要的接口开启（那些根桥不应该出现的接口）。Root Guard 特性能有效防止一个非法授权的设备接入网络中，并且通过发送优先级高的 BPDU 报文来冒充自己是根桥，能有效提高网络的安全性，如图 2-40 和图 2-41 所示。

```
DCRS-5650-28(R4)#show cpu utilization

Last   5 second CPU USAGE:    71%
Last  30 second CPU USAGE:    72%
Last   5 minute CPU USAGE:    10%
From   running  CPU USAGE:     3%
DCRS-5650-28(R4)#_
```

图 2-40

```
%Jan 01 01:44:43 2006 MSTP set port = 2, mst = 0 to DISCARDING!
%Jan 01 01:44:44 2006 MSTP set port = 2, mst = 0 to DISCARDING!
%Jan 01 01:44:45 2006 MSTP set port = 2, mst = 0 to DISCARDING!
%Jan 01 01:44:46 2006 MSTP set port = 2, mst = 0 to DISCARDING!
%Jan 01 01:44:48 2006 MSTP set port = 2, mst = 0 to DISCARDING!
%Jan 01 01:45:03 2006 MSTP set port = 2, mst = 0 to LEARNING!
%Jan 01 01:45:19 2006 MSTP set port = 2, mst = 0 to FORWARDING!

DCRS-5650-28(R4)#_
```

图 2-41

Root Guard 应该配置在所有接入端口中，即接入终端的端口。

相关配置命令：

Switch（config–if–ethernet1/0/2）#spanning–tree rootguard

2.4.4 STP 攻击解决方案 2：BPDU Guard

BPDU Guard 是对 BPDU（Bridge Protocol Data Unit）报文的一个保护机制，来防止网络环路的形成。BPDU Guard 是在 PortFast 模式下配置的，只有在配置了 PortFast 的情况下才能配置。经过 PortFast 配置的端口都应该是连接终端的端口，这些端口一般情况下是不会收发 BPDU 报文的，但是如果该端口配置了 BPDU Guard，则在端口接入一台新交换机后默认会发送 BPDU 报文，BPDU Guard 特性就会被激活。

当 BPDU Guard 特性被激活后，相应的端口就会进入 errdisable 状态，这个时候不会进行任何数据的收发。BPDU Guard 必须配置在接入终端（主机、服务器、打印机等）的接口上，而非连接交换设备的接口。

BPDU Guard 和 PortFast 配合配置在接入层交换机的接入端口。

相关配置如下：

Switch（config–if–ethernet1/0/2）#spanning–tree portfast bpduguard recovery 30

注意：启用 bpduguard，并指定端口恢复正常状态时间为 30s，该技术可以有效阻止 DoS Attack Sending Conf BPDUs 攻击，如图 2–42 所示。

```
%Jan 01 02:01:43 2006  Received a bpdu packet from Interface Ethernet1/0/2 , and
 its state changed to DOWN.
%Jan 01 02:01:43 2006  Received a bpdu packet from Interface Ethernet1/0/2 , and
 its state changed to DOWN.
%Jan 01 02:01:43 2006  Received a bpdu packet from Interface Ethernet1/0/2 , and
 its state changed to DOWN.
%Jan 01 02:01:43 2006  Received a bpdu packet from Interface Ethernet1/0/2 , and
 its state changed to DOWN.
%Jan 01 02:01:43 2006  Received a bpdu packet from Interface Ethernet1/0/2 , and
 its state changed to DOWN.
DCRS-5650-28(R4)#%Jan 01 02:01:43 2006  Received a bpdu packet from Interface Et
hernet1/0/2 , and its state changed to DOWN.
%Jan 01 02:01:43 2006  Received a bpdu packet from Interface Ethernet1/0/2 , and
 its state changed to DOWN.
%Jan 01 02:01:43 2006  Received a bpdu packet from Interface Ethernet1/0/2 , and
 its state changed to DOWN.
%Jan 01 02:01:43 2006 MSTP set port = 2, mst = 0 to DISCARDING!

DCRS-5650-28(R4)#
DCRS-5650-28(R4)#
DCRS-5650-28(R4)#
DCRS-5650-28(R4)#show interface ethernet 1/0/2
Interface brief:
  Ethernet1/0/2 is administratively down, line protocol is down
  Ethernet1/0/2 is shutdown by bpduguard
  Ethernet1/0/2 is layer 2 port, alias name is (null), index is 2
  Hardware is Fast-Ethernet, address is 00-03-0f-40-7d-8b
```

图 2–42

2.4.5　STP 攻击解决方案 3: BPDU Filter

BPDU Filter 的工作是阻止该端口参与任何 STP 的 BPDU 报文接收和发送。

BPDU Filter 支持在交换机上阻止 PortFast-enabled 端口发送 BPDU 报文，这些端口本应该接入终端，但是终端是不参与 STP（Spanning Tree Protocol）生成树协议的，所以 BPDU 报文对它们没有任何意义。阻止发送 BPDU 报文能达到节省资源的目的。

通过使用 BPDU 过滤功能，能够防止交换机在启用了 PortFast 特性的接口上发送 BPDU。对于配置了 PortFast 特性的端口，它通常连接到主机，因为主机不需要参与 STP，所以它将丢弃所接收到的 BPDU。通过使用 BPDU 过滤功能，能够防止向主机设备发送不必要的 BPDU。

如果在接口上明确配置了 BPDU 过滤功能，那么交换机将不发送任何 BPDU，并且将把接收到的所有 BPDU 都丢弃。

注意，如果在连接到其他交换机的端口上配置了 BPDU 过滤，就有可能导致桥接环路，所以在部署 BPDU 过滤时要格外小心，一般不推荐使用 BPDU 过滤。

接口配置模式下配置 BPDU Filter，会导致：端口忽略 BPDU 报文；不发送任何 BPDU 报文。

相关配置：

Switch（config-if-ethernet1/0/2）#spanning-tree portfast bpdufilter

如图 2-43 所示。

```
DCRS-5650-28(R4)#show cpu utilization

Last  5 second CPU USAGE:  71%
Last 30 second CPU USAGE:  72%
Last  5 minute CPU USAGE:  10%
From  running  CPU USAGE:   3%
DCRS-5650-28(R4)#_
```

图 2-43

✎ 习　题

1. 为了阻止客户发送 BPDU 攻击生成树，应该采用哪个方案？（　　　）

    A. 端口安全　　　　　　　　　　　　B. Barp 的过滤

    C. BPDU 的过滤　　　　　　　　　　D. 第 3 层交换

2. 关于 Spanning-Tree BPDU Guard，说法正确的是？（　　　）

    A. 发送并接收 BPDU，仅当收到自己发出的 BPDU 报文后，才会将端口 disable 掉

    B. 不发送但监听 BPDU，不论收到谁发出的 BPDU，都会将接口 disable 掉

    C. 发送并接收 BPDU，不论收到谁发出的 BPDU，都会将接口 disable 掉

3. 关于 Spanning-Tree BPDU Filter，下列哪些说法是正确的？（　　　）

    A. 既不发送也不接收 BPDU

    B. 接收并发送 BPDU

    C. 不发送但监听 BPDU，一旦收到 BPDU 后，就恢复参与生成树的计算

    D. 配置了 Spanning-Tree BPDU Filter 的接口，可以防止环路

4. 关于生成树欺骗攻击，以下哪一项描述是错误的？（　　　　）

   A. 黑客终端有多个以太网接口

   B. 黑客终端配置高优先级

   C. 黑客终端发送接收 BPDU

   D. 黑客终端连接交换机的链路对于保证交换机之间的连通性是必需的

5. STP 攻击有哪些方式？

6. 针对 STP 攻击如何防范？

2.5　VLAN 攻击及其解决方案

学习目标

   理解 VLAN 动态接口状态，掌握 VLAN Hopping 攻击，掌握 VLAN 攻击防范：Native 防范。

2.5.1　VLAN 攻击介绍：Nested VLAN Hopping

VLAN 是一个广播域，也就是网段、子网。广播域从一个端口接收广播信息，该信息转发至这个广播域除了入口外的其余所有端口。交换机默认为 VLAN1。

VLAN 中主要注意 VID 和 PVID 的区别以及交换机 Access 端口和 Trunk 端口的区别。

VID 和 PVID 都是交换机端口的特性，区别在于 VID 用于区别端口所属 VLAN，而 PVID 用于表示当一个普通的数据帧从某个端口进入交换机时，交换机对普通数据帧封装的 VLAN 标记遵循 IEEE 802.1Q 标准，如图 2-44 和图 2-45 所示的封装格式。

这个封装中，在原始的以太网数据帧源 MAC 地址后面封装了 4 字节的 VLAN 标记，其中 0x8100 为 802.1Q 协议号，Pri 为数据转发优先级，CFI 为网络类型，后面的 12 位就是 PVID，所以 VLAN 中一个数据包最大的长度为 $2^{12}-1$ 位，也就是 4095。

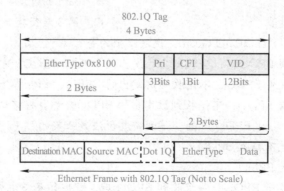

图　2-44

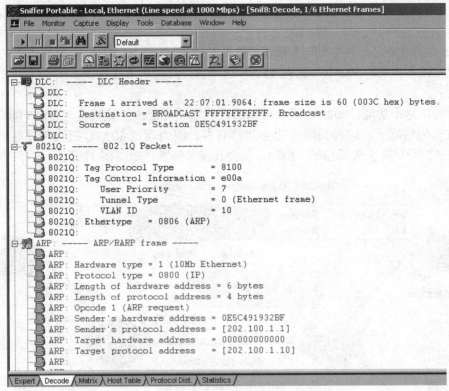

图 2-45

交换机 Access 端口和 Trunk 端口的区别是什么?

交换机 Access 类型接口的特点是 VID 等于 PVID,一般用于连接用户的个人计算机;Trunk 类型接口的特点是 VID 默认为交换机的所有 VLAN,而 PVID 为 Native VLAN,默认为 VLAN1,一般用于交换机和交换机之间互联的端口,同一个 VLAN 跨越不同的交换机时使用。从 Trunk 端口转发出来的数据帧需要携带 VLAN 标记,以便被其他交换机识别该数据帧是哪一个 VLAN 的,如图 2-46 所示。

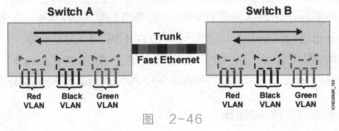

图 2-46

什么是 Native VLAN 呢?

一般情况下,从 Trunk 端口转发出来的数据帧需要携带 VLAN 标记,以便被其他交换机识别该数据帧是哪一个 VLAN 的,Native VLAN 除外。Native VLAN 用于传输交换机本身发出的控制信息,如 BPDU;所以交换机认为 Native VLAN 的数据帧如果从 Trunk 端口转发出来,那么是不需要携带 VLAN 标记的,为普通数据帧。

由于 Native VLAN 具有这个特点,所以可以做到从 PC 连接的当前 VLAN 向其他 VLAN 发起 ARP 攻击。这种渗透测试又叫作 VLAN 跳跃攻击,它的具体原理如下:

在交换机内部,VLAN 数字和标识用特殊扩展格式表示,目的是让转发路径保持端到端 VLAN 独立，而且不会损失任何信息。在交换机外部，标记规则由 802.1Q 等标准规定。

IEEE 委员会决定，为实现向下兼容，最好支持 Native VLAN，即支持与 802.1Q 链路上任何标记显式不相关的 VLAN。这种 VLAN 以隐含方式被用于接收 802.1Q 端口上的所有无标记流量。

因为利用这个功能，802.1Q 端口可以通过收发无标记流量直接与老 802.3 端口对话。但是，在其他情况下，这种功能可能会非常有害，因为通过 802.1Q 链路传输时，与本地 VLAN 相关的分组将丢失其标记，例如，丢失其服务等级，如图 2-47 所示。

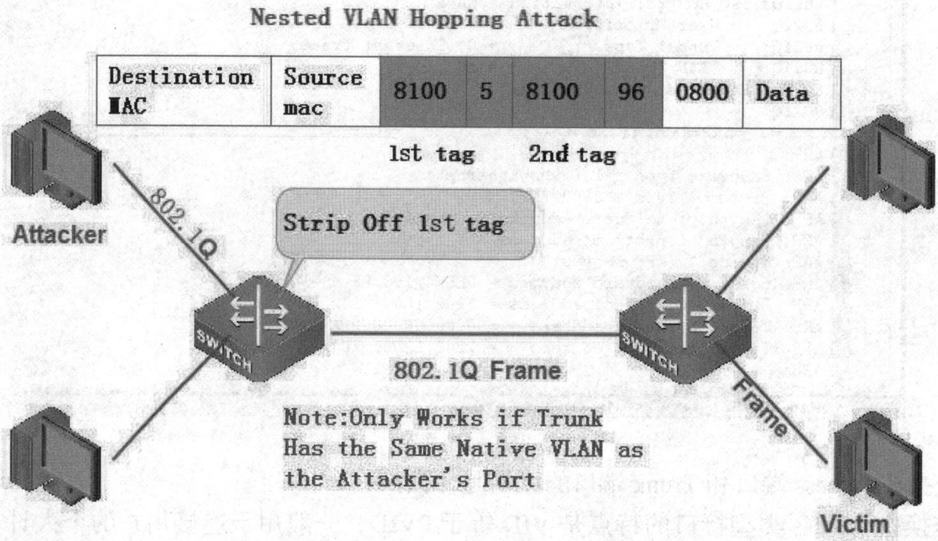

图 2-47

注意：只有干道所处的 Native VLAN 与攻击者相同，才会发生作用。

当双封装 802.1Q 分组恰好从 VLAN 与干道的 Native VLAN 相同的设备进入网络时，这些分组的 VLAN 标识将无法端到端保留，因为 802.1Q 干道总会对分组进行修改，即剥离掉其外部标记。删除外部标记之后，内部标记将成为分组的唯一 VLAN 标识符。因此，如果用两个不同的标记对分组进行双封装，则流量就可以在不同 VLAN 之间跳转。

正是因为一般的网络管理员不愿意也觉得没有必要修改 Native VLAN，所以 Native VLAN 默认为 VLAN1，黑客只要知道了 Native VLAN，就可以轻松实现这种攻击。

2.5.2 VLAN 攻击解决方案：Native VLAN

简单来说 Native VLAN 是 802.1Q 标准封装下的一种特殊 VLAN，来自该 VLAN 的流量在穿越 Trunk 接口时不打 TAG，默认 VLAN1 为 Native VLAN。

而 VLAN1 为交换机的默认 VLAN，一般不承载用户数据也不承载管理流量，只承载控制信息，如 CDP、DTP、BPDU、VTP、Pagp 等。

一个支持 VLAN 的交换机互联一个不支持 VLAN 的交换机是通过 Native VLAN 来交换数据的。两端 Native VLAN 不匹配的 Trunk 链路，如 A 交换机的 Trunk Native VLAN 为 VLAN10，B 交换机的 Trunk Native VLAN 为 VLAN20，则 A 交换机的 VLAN10 和 B 交换机的 VLAN20 之间为同一个 LAN 广播域。

Native VLAN 也是有其安全隐患的，黑客可以利用 Native VLAN 进行双封装 802.1Q 攻击。杜绝此种安全隐患的方法如下：

1）设置一个专门的 VLAN，如 VLAN888，并且不把任何连接用户 PC 的接口设置到这个 VLAN。

2）强制所有经过 Trunk 的流量携带 802.1Q 标记。

✎ 习　题

1. 在基本 VLAN 跳跃攻击中，攻击者会利用哪个交换机功能？（　　）
   - A. 开放的 Telnet 连接
   - B. 转发广播
   - C. 默认自动中继配置
   - D. 自动封装协商

2. 常见的 VLAN 攻击方法包括（　　）。
   - A. VLAN 跳跃攻击
   - B. DHCP 欺骗攻击
   - C. VLAN 双重标签攻击
   - D. 标记攻击

3. 下列哪个方法可以阻止单标签 VLAN 跳转攻击？（　　）
   - A. 关闭速率 / 双工自动协商
   - B. 关闭 PAgP
   - C. 关闭 Trunk 协商
   - D. 关闭 LACP

4. （　　）和（　　）的第 2 层安全最佳实践有助于防止 VLAN 跳跃攻击。
   - A. 将本征 VLAN 编号更改为不同于所有用户 VLAN 且非 VLAN 1 的一个编号
   - B. 在最终用户端口上禁用 DTP 自动协商
   - C. 以静态方式将连接到最终用户主机设备的所有端口配置为中继模式
   - D. 将管理 VLAN 更改为一个普通用户无法访问的不同 VLAN

5. 应禁用以下哪种协议来帮助缓解 VLAN 攻击？（　　）
   - A. DTP
   - B. STP
   - C. CDP
   - D. ARP

6. VLAN 攻击有哪些方式？

7. 针对 VLAN 攻击如何防范？

2.6　Routing Protocol 攻击及其解决方案

学习目标

理解路由交互流程，掌握路由器欺骗概念，理解 HMAC 技术对于路由安全的重要性。

2.6.1　Routing Protocol 攻击介绍：Routing Protocol Spoofing

一般三层设备，包括路由器、三层交换机还有防火墙，在进行网络间互联的时候，默认情况下路由表中只存在和它直连的网络的路由表信息，而对于非直连网络的路由表信息，必须通过配置静态路由和动态路由获得。所谓静态路由，就是手工在三层设备上配置非直连网络的路由表项，这种方式对三层设备的开销小，但是对于大规模的网络环境，路由表不能动态进行更新，所以这时需要动态路由协议，例如，RIP、OSPF，目的是使三层设备能够动态更新路由表项，这种方式的缺点是会增加三层设备的开销，而且也不安全。

谁控制了路由协议，谁就控制了整个网络。因此，要对路由协议实施充分的安全防护，要采取最严格的措施。如果该协议失控，就可能导致整个网络失控。链路状态路由协议（OSPF）用得较多，而且将在未来很长时间内会继续使用。因此，要搞清楚攻击者针对该协议可能采取的做法，如图 2-48 所示。

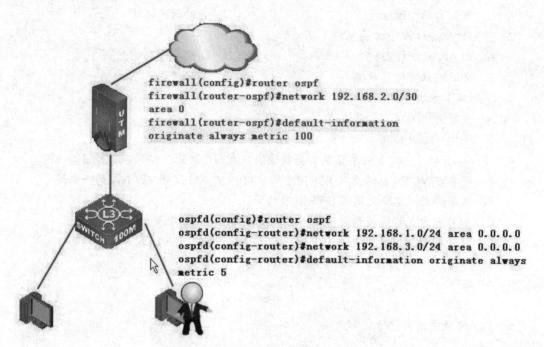

图 2-48

在以上案例中为 L3 交换机连接的 LAN，通过防火墙连接至 Internet，防火墙通过 OSPF 向 L3 交换机宣告了一条 0.0.0.0/0 的路由，其默认度量值为 100。

此时黑客的 PC 同样运行了 OSPF 路由协议，并且黑客 PC 启用了路由功能连接至 Internet，通过路由协议 OSPF 向 L3 交换机宣告 0.0.0.0/0 的路由，而其具有很小的度量值（为 5）。

L3 交换机从而选择了地址为 0.0.0.0/0、度量值为 5 的路由，下一跳 IP 为黑客 PC 的 IP 地址。这样，LAN 内所有用户访问 Internet 的流量全部经过了黑客 PC，黑客 PC 从而可以对 LAN 用户访问 Internet 流量进行大数据分析，如获得用户账号和密码。

2.6.2　Routing Protocol 攻击解决方案：Routing Protocol Strong Authentication

针对路由协议欺骗这样的攻击，可以这样进行解决：

首先，公司网络中的三层设备面向用户的三层接口，不应该运行动态路由协议，动态路由协议应该是在三层设备和三层设备之间的接口间运行，所以，可以将三层设备面向用户的接口的路由协议功能关掉。

另外，在路由协议欺骗攻击中，公司网络中的三层设备遭受路由协议欺骗攻击的原因在于，在学习路由信息之前没对该信息进行认证，才被欺骗，如果三层设备在学习路由信息之前能够对该信息进行一次源认证，确保该信息来自合法的源，那么再进行学习该路由信息，如果是非法的源，则不能学习该路由信息；做到这一点，也可以抵御这种攻击。

黑客不但可以对 OSPF 路由协议实施攻击，同样，对于类似的路由协议：RIP、EIGRP、ISIS、BGP、IPv6 RIPng、OSPFv3、BGP4+ 甚至是 VRRP 同样可以实施攻击。攻击产生的原因：没有对路由信息的来源实施认证机制。

单纯使用散列函数只能够校验数据的完整性，不能够确保数据来自可信的源（无法实现源认证）。为了弥补这个漏洞，可以使用一个叫散列信息认证代码的技术 HMAC（Keyed-Hash Message Authentication Code），这个技术不仅能够实现完整性校验，也能完成源认证的任务。图 2-49 所示是 HMAC 如何帮助 OSPF 动态路由协议实现路由更新包的验证。

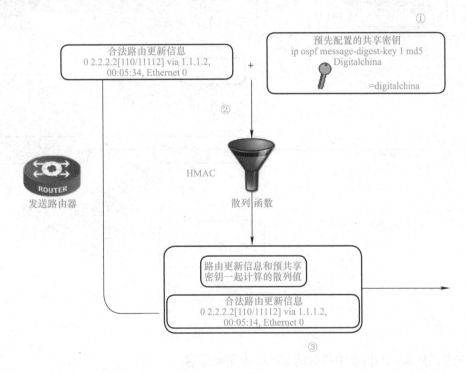

图　2-49

第一步：网络管理员需要预先在要建立 OSPF 邻居关系的两台路由器上，通过"ip ospf message-digest-key 1 md5 password"命令配置预共享密钥。

第二步：发送方把要发送的路由更新信息加上预共享密钥一起进行散列计算，得到一个散列值，这种联合共享密钥一起计算散列的技术就叫作 HMAC。

第三步：发送方路由器把第二步通过 HMAC 技术得到的散列值和明文的路由更新信息进行打包，一起发送给接收方（注意路由更新信息是由明文发送的，绝对没有进行任何加密处理），如图 2-50 所示。

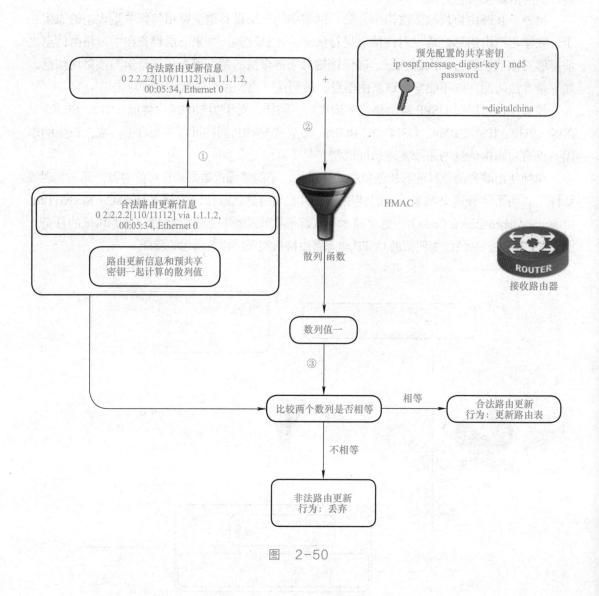

图 2-50

第一步：从收到的信息中提取明文的路由更新信息。

第二步：把第一步提取出来的明文路由更新信息加上接收路由器预先配置的共享密钥一起进行散列计算，得到"散列值一"。

第三步：提取出收到的信息中的散列值，用它和第二步计算得到的"散列值一"进行比较，如果相同就表示路由更新信息是没有被篡改过的，是完整的。预先配置共享密钥的路由器发送路由更新，因为只有它才知道共享密钥是什么。

通过上述对 OSPF 路由更新的介绍，再次体现了 HMAC 的两大安全特性，完整性校验和源认证。在实际运用中，基本不会单纯使用散列技术，一般都使用 HMAC 技术。例如，IPSec 和 HTTPS 技术都通过 HMAC 来对每一个传输的数据包做完整性校验和源认证。

习　题

1. 主动攻击的手段有很多，其中"错误路由"的攻击方法指的是攻击者修改路由器的（　　）。

　　A. 动态 IP　　　　　B. 端口号　　　　　C. 子网掩码　　　　D. 路由表

2. 当前，网络面临多种攻击技术，其中（　　）是指攻击节点依照路由算法伪造或重放一个路由声明，声称攻击节点和基站之间有高质量的单跳路由，然后阻止或篡改被攻击区域中任一节点发出的数据包。

　　A. 路由攻击　　　　　　　　　　　B. 选择性数据转发攻击

　　C. 槽洞攻击　　　　　　　　　　　D. 虫洞攻击

3. 主动攻击的手段有很多，其中"错误路由"的攻击方法指的是攻击者修改路由器的（　　）。

　　A. 动态 IP　　　　　　　　　　　B. 端口号

　　C. 子网掩码　　　　　　　　　　　D. 路由表

4. 源路由器攻击和地址欺骗都属于（　　）。

　　A. 服务攻击　　　　　　　　　　　B. 拒绝服务攻击

　　C. 非服务攻击　　　　　　　　　　D. 防火墙攻击

5. 保证动态路由安全有哪些方式？

2.7　LAN 非授权访问攻击及其解决方案

学习目标

　　理解非授权访问产生的问题，掌握访问授权技术 AAA，掌握访问授权技术 802.1x 的使用场景与方式。

2.7.1　LAN 非授权访问攻击介绍

　　任何用户 PC 都可以在无认证授权的情况下接入公司的网络当中，只要他能将他自己使用的 PC 连接到公司的交换机，就可以与公司的网络进行通信，这是一个很大的问题。

　　是否有一种能够对公司的局域网接入用户进行认证、授权甚至是审计接入用户的行为的机制呢？

　　所谓 AAA，就是认证、授权和审计。可以把它用在这里，不过需要部署额外的服务器。

　　将 AAA 技术应用在局域网中的技术叫作 IEEE 802.1x，只要确认公司的用户接入交换机支持 IEEE 802.1x 就可以。

　　IEEE 802.1x 是用于局域网接入用户 AAA 的标准协议，实现接入交换机面向用户端口的访问控制，主要用于封装 EAP 信息。它又叫作 EAPOL，也就是 EAP Over LAN。

　　EAP 就是扩展认证协议，用来承载任意认证信息，该协议通过 IEEE 802.1x 进行封装。EAP 信息是把认证信息封装在 802.1x 中，而 802.1x 又封装在以太网的数据帧中，如图 2-51 所示。

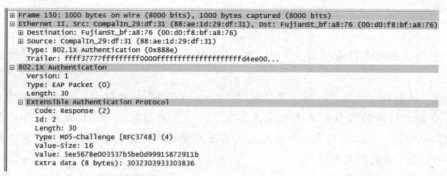

```
⊞ Frame 150: 1000 bytes on wire (8000 bits), 1000 bytes captured (8000 bits)
⊟ Ethernet II, Src: CompalIn_29:df:31 (88:ae:1d:29:df:31), Dst: FujianSt_bf:a8:76 (00:d0:f8:bf:a8:76)
  ⊞ Destination: FujianSt_bf:a8:76 (00:d0:f8:bf:a8:76)
  ⊞ Source: CompalIn_29:df:31 (88:ae:1d:29:df:31)
    Type: 802.1X Authentication (0x888e)
    Trailer: ffff37777ffffffff0000ffffffffffffffffffffd4ee00...
⊟ 802.1X Authentication
    Version: 1
    Type: EAP Packet (0)
    Length: 30
  ⊟ Extensible Authentication Protocol
      Code: Response (2)
      Id: 2
      Length: 30
      Type: MD5-Challenge [RFC3748] (4)
      Value-Size: 16
      Value: 5ee5678e003537b5be0d99915872911b
      Extra data (8 bytes): 3032303933303836
```

图 2-51

  对于局域网的接入用户，如果要通过 EAP 进行认证，则 PC 是直接和认证服务器之间建立 EAP 会话的，如图 2-52 和图 2-53 所示。

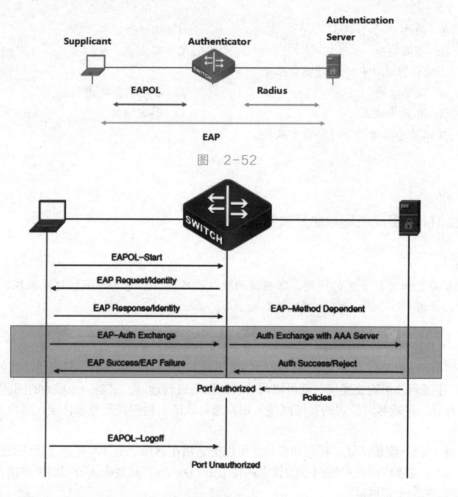

图 2-52

图 2-53

  接入局域网的用户 PC 为 Supplicant，也就是请求者。它直接和 Authentication Server 也就是认证服务器之间建立 EAP 的会话。中间的 Authenticator 也就是认证者能够感受到这个行为，但是 Authenticator 只是一个中继设备，在 Supplicant 和 Authenticator 之间，对 EAP 信息采取 IEEE 802.1x，也就是 EAPOL 封装，而在 Authenticator 和 Authentication Server 之间，

采用 Radius 协议进行封装。

　　EAP 都有哪些形式？常见的方式有 EAP-MD5、EAP-TLS 和 PEAP。EAP-MD5，如图 2-54 所示。

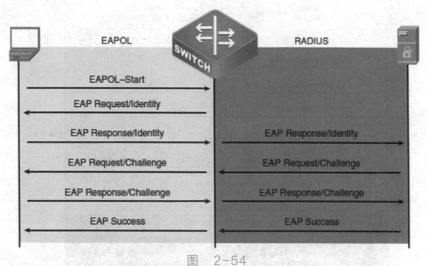

图　2-54

　　它是 IETF 标准，容易部署，在有线网络（交换机）环境中大量使用，不过缺点是整个认证过程不受保护，既不提供 EAP 信息的认证，也不提供 EAP 信息的加密，所以不适合在无线环境下使用，因为在无线环境中黑客可以轻松假冒认证服务器和无线 AP，但是在有线环境下难度会很大。

　　其次是 EAP-TLS，如图 2-55 所示。

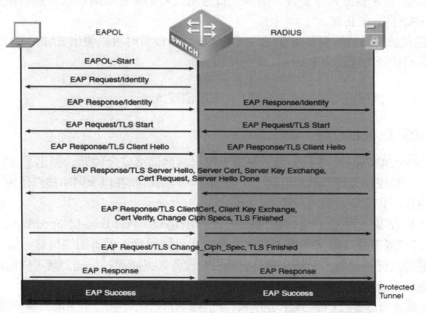

图　2-55

　　这种方式最为安全，提供了 EAP 信息的私密性、完整性、源认证来保护认证信息的安全，还提供了标准的密钥交换机制，但是实施复杂，需要架设 PKI 为每一个客户和服务器安装证书进行双向认证；也就是说这种方式需要客户端和认证服务器首先建立 TLS 隧道，然后在受保护的隧道上进行 EAP 信息的传递。

还有一种是 PEAP，如图 2-56 所示。

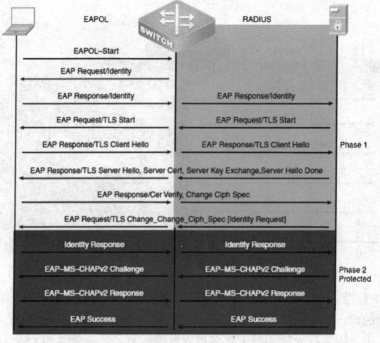

图　2-56

这种方式为了建立 TLS 隧道只需要服务器端证书，也就是说这种方式客户端为了和认证服务器建立 TLS 隧道只需要客户端认证服务器，并不需要双向认证。然后在受保护的隧道上进行 EAP 信息的传递。

由于现在公司局域网主要是有线的网络环境，所以暂时可以使用 EAP-MD5，如果将来需要，可以将认证方式改为 EAP-TLS 或者 PEAP。

2.7.2　LAN 非授权访问攻击解决方案：IEEE 802.1x

1. 交换机 802.1x 介绍

IEEE 802 LAN/WAN 委员会为了解决无线局域网网络安全问题，提出了 802.1x 协议。后来，802.1x 协议作为局域网端口的一个普通接入控制机制在以太网中被广泛应用，主要解决以太网内认证和安全方面的问题。

802.1x 协议是一种基于端口的网络接入控制协议（Port Based Network Access Control Protocol）。"基于端口的网络接入控制"是指在局域网接入设备的端口这一级对所接入的用户设备进行认证和控制。连接在端口上的用户设备如果能通过认证，就可以访问局域网中的资源；如果不能通过认证，则无法访问局域网中的资源。

802.1x 系统为典型的 Client/Server 结构，如图 2-57 所示，包括 3 个实体：客户端（Client）、设备端（Device）和认证服务器（Server）。

客户端是位于局域网一端的实体，由该链路另一端的设备端对其进行认证。客户端一般为用户终端设备，用户可以通过启动客户端软件发起 802.1x 认证。客户端必须支持 EAPOL。

设备端是位于局域网一端的另一个实体，对所连接的客户端进行认证。设备端通常为支持 802.1x 协议的网络设备，它为客户端提供接入局域网的端口，该端口可以是物理端口，也可以是逻辑端口。

图 2-57

认证服务器是为设备端提供认证服务的实体。认证服务器用于实现对用户进行认证、授权和计费，通常为 RADIUS 服务器。

2. 802.1x 的认证方式

802.1x 认证系统使用 EAP 来实现客户端、设备端和认证服务器之间认证信息的交换。

在客户端与设备端之间，EAP 报文使用 EAPOL 封装格式，直接承载于 LAN 环境中。

在设备端与 RADIUS 服务器之间，可以使用两种方式来交换信息。一种是 EAP 报文由设备端进行中继，使用 EAPOR（EAP over RADIUS）封装格式承载于 RADIUS 协议中；另一种是 EAP 报文由设备端进行终结，采用包含 PAP（Password Authentication Protocol，密码验证协议）或 CHAP（Challenge Handshake Authentication Protocol，质询握手验证协议）属性的报文与 RADIUS 服务器进行认证交互。

3. 802.1x 的基本概念

（1）受控/非受控端口

设备端为客户端提供接入局域网的端口，这个端口被划分为两个逻辑端口：受控端口和非受控端口。任何到达该端口的帧，在受控端口与非受控端口上均可见。

非受控端口始终处于双向连通状态，主要用来传递 EAPOL 帧，保证客户端始终能够发出或接收认证报文。

受控端口在授权状态下处于双向连通状态，用于传递业务报文；在非授权状态下禁止从客户端接收任何报文。

（2）授权/非授权状态

设备端利用认证服务器对需要接入局域网的客户端进行认证，并根据认证结果（Accept 或 Reject）对受控端口的授权/非授权状态进行相应的控制。

用户可以通过在端口下配置的接入控制的模式来控制端口的授权状态。端口支持以下 3 种接入控制模式：

1）强制授权模式（authorized-force）：表示端口始终处于授权状态，允许用户不经认证授权即可访问网络资源。

2）强制非授权模式（unauthorized-force）：表示端口始终处于非授权状态，不允许用户进行认证。设备端不对通过该端口接入的客户端提供认证服务。

3）自动识别模式（auto）：表示端口初始状态为非授权状态，仅允许 EAPOL 报文收发，不允许用户访问网络资源；如果认证通过，则端口切换到授权状态，允许用户访问网络资源。

这也是最常见的情况。

（3）受控方向

在非授权状态下，受控端口可以被设置成单向受控和双向受控。实行双向受控时，禁止帧的发送和接收。实行单向受控时，禁止从客户端接收帧，但允许向客户端发送帧。

4. EAPOL 消息的封装

（1）EAPOL 数据包的格式

EAPOL 是 802.1x 协议定义的一种报文封装格式，主要用于在客户端和设备端之间传送 EAP 报文，以允许 EAP 报文在 LAN 上传送。EAPOL 数据包的格式如图 2-58 所示。

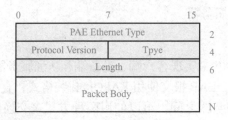

图 2-58

PAE Ethernet Type：表示协议类型，为 0x888E。

Protocol Version：表示 EAPOL 帧的发送方所支持的协议版本号。

Type：表示 EAPOL 数据帧类型，目前设备上支持的数据类型见表 2-1。

表 2-1

类 型	说 明
EAP-Packet（值为 0x00）：认证信息帧，用于承载认证信息	该帧在设备端重新封装并承载于 RADIUS 协议上，便于穿越复杂的网络到达认证服务器
EAPOL-Start（值为 0x01）：认证发起帧	这两种类型的帧仅在客户端和设备端之间存在
EAPOL-Logoff（值为 0x02）：退出请求帧	

Length：表示数据长度，也就是"Packet Body"字段的长度，单位为字节。如果为 0，则表示没有后面的数据域。

Packet Body：表示数据内容，根据不同的 Type 有不同的格式。

（2）EAP 数据包的格式

当 EAPOL 数据包格式 Type 域为 EAP-Packet 时，Packet Body 为 EAP 数据包结构，如图 2-59 所示。

Code：指明 EAP 包的类型，共有 4 种：Success、Failure、Request、Response。

Success 和 Failure 类型的包没有 Data 域，相应的 Length 域的值为 4。

Request 和 Response 类型数据包的 Data 域的格式如图 2-60 所示。Type 为 EAP 的认证类型，Type data 的内容由类型决定。例如，Type 值为 1 时代表 Identity，用来查询对方的身份；Type 值为 4 时，代表 MD5-Challenge，类似于 PPP CHAP，包含质询消息。

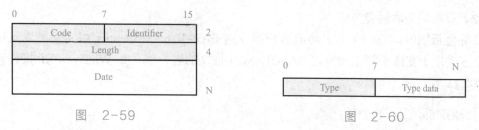

图 2-59   图 2-60

Identifier：用于匹配 Request 消息和 Response 消息。

Length：EAP 包的长度，包含 Code、Identifier、Length 和 Data 域，单位为字节。

Data：EAP 包的内容，由 Code 类型决定。

5. EAP 属性的封装

RADIUS 为支持 EAP 认证增加了两个属性：EAP-Message（EAP 消息）和 Message-Authenticator（消息认证码）。

（1）EAP-Message

如图 2-61 所示，这个属性用来封装 EAP 数据包，类型代码为 79，String 域最长为 253 字节，如果 EAP 数据包长度大于 253 字节，则可以对其进行分片，依次封装在多个 EAP-Message 属性中。

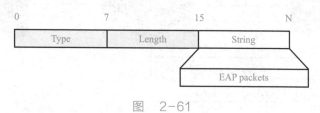

图 2-61

（2）Message-Authenticator

如图 2-62 所示，这个属性用于在使用 EAP、CHAP 等认证方法的过程中避免接入请求包被窃听。在含有 EAP-Message 属性的数据包中，必须同时也包含 Message-Authenticator，否则该数据包会被认为无效而被丢弃。

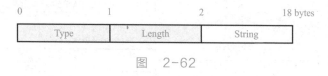

图 2-62

6. 802.1x 的认证触发方式

802.1x 的认证过程可以由客户端主动发起，也可以由设备端发起。设备支持的认证触发方式包括以下两种：

（1）客户端主动触发方式

客户端主动向设备端发送 EAPOL-Start 报文来触发认证，该报文的目的地址为 IEEE 802.1x 协议分配的一个组播 MAC 地址：01-80-C2-00-00-03。

另外，由于网络中有些设备不支持上述组播报文，认证设备无法收到客户端的认证请求，因此设备端还须支持广播触发方式，即可以接收客户端发送的目的地址为广播 MAC 地址的 EAPOL-Start 报文。

（2）设备端主动触发方式

设备会每隔 Ns（如 30s）主动向客户端发送 EAP-Request/Identity 报文来触发认证，这种触发方式用于支持不能主动发送 EAPOL-Start 报文的客户端，如 Windows XP 操作系统自带的 802.1x 客户端。

7. 802.1x 的认证过程

802.1x 系统支持 EAP 中继方式和 EAP 终结方式与远端 RADIUS 服务器交互完成认证。以下关于两种认证方式的过程描述，都以客户端主动发起认证为例。

（1）EAP 中继方式

这种方式是 IEEE 802.1x 协议规定的，将 EAP 承载在其他高层协议中，如 EAP over RADIUS，以便扩展认证协议报文穿越复杂的网络到达认证服务器。一般来说，EAP 中继方式需要 RADIUS 服务器支持 EAP 属性 EAP-Message 和 Message-Authenticator，分别用来封装 EAP 报文及对携带 EAP-Message 的 RADIUS 报文进行保护。

下面以 EAP-MD5 方式为例介绍基本业务流程，如图 2-63 所示。

图 2-63

认证过程如下：

1）当用户有访问网络的需求时打开 802.1x 客户端，输入已经申请、登记过的用户名和密码，发起连接请求（EAPOL-Start 报文）。此时，客户端将请求认证的报文发给设备端，开始启动一次认证过程。

2）设备端收到请求认证的数据帧后，将发出一个请求帧（EAP-Request/Identity 报文）要求用户的客户端发送输入的用户名。

3）客户端响应设备端发出的请求，将用户名信息通过数据帧（EAP-Response/Identity 报文）发送给设备端。设备端将客户端发送的数据帧经过封包处理后（RADIUS Access-Request 报文）送给认证服务器进行处理。

4）RADIUS 服务器收到设备端转发的用户名信息后，将该信息与数据库中的用户名表对比，找到该用户名对应的密码信息，用随机生成的一个加密字对它进行加密处理，同时也将此加密字通过 RADIUS Access-Challenge 报文发送给设备端，由设备端转发给客户端。

5）客户端收到由设备端传来的加密字（EAP-Request/MD5 Challenge 报文）后，用该加密字对密码部分进行加密处理（此种加密算法通常是不可逆的），生成 EAP-Response/MD5 Challenge 报文，并通过设备端传给认证服务器。

6）RADIUS 服务器将收到的已加密的密码信息（RADIUS Access-Request 报文）和本地经过加密运算后的密码信息进行对比，如果相同，则认为该用户为合法用户，反馈认证通过的消息（RADIUS Access-Accept 报文和 EAP-Success 报文）。

7）设备收到认证通过消息后将端口改为授权状态，允许用户通过端口访问网络。在此期间，设备端会通过向客户端定期发送握手报文的方法对用户的在线情况进行监测。默认情况下，如果两次握手请求报文都得不到客户端应答，那么设备端就会让用户下线，以防止用户因为异常原因下线而使设备无法感知。

8）客户端也可以发送 EAPOL-Logoff 报文给设备端，主动要求下线。设备端把端口状态从授权状态改成未授权状态，并向客户端发送 EAP-Failure 报文。

（2）EAP 终结方式

这种方式将 EAP 报文在设备端终结并映射到 RADIUS 报文中，利用标准 RADIUS 协议完成认证、授权和计费。设备端与 RADIUS 服务器之间可以采用 PAP 或者 CHAP 认证方法。

下面以 CHAP 认证方法为例介绍基本业务流程，如图 2-64 所示。

EAP 终结方式与 EAP 中继方式的认证流程相比，不同之处在于用来对用户密码信息进行加密处理的随机加密字由设备端生成，之后设备端会把用户名、随机加密字和客户端加密后的密码信息一起送给 RADIUS 服务器进行相关的认证处理。

8. 802.1x 的接入控制方式

设备不仅支持协议所规定的基于端口的接入认证方式，还对其进行了扩展、优化，支持基于 MAC 的接入控制方式。

当采用基于端口的接入控制方式时，只要该端口下的第一个用户认证成功，其他接入用户无须认证就可以使用网络资源，但是当第一个用户下线后，其他用户也会被拒绝使用网络。

采用基于 MAC 的接入控制方式时，该端口下的所有接入用户均需要单独认证，当某个用户下线时，也只有该用户无法使用网络。

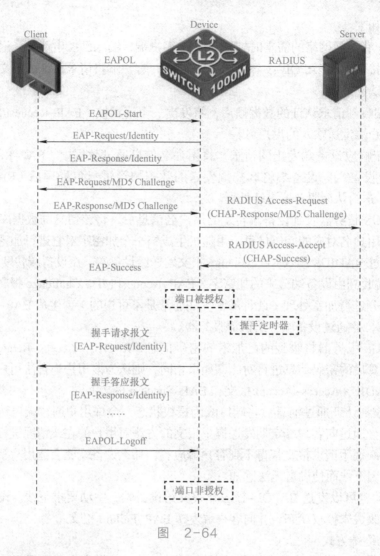

图 2-64

9. 802.1x 的定时器

802.1x 认证过程中会启动多个定时器以控制接入用户、设备以及使 RADIUS 服务器之间进行合理、有序的交互。802.1x 的定时器主要有以下几种：

1）用户名请求超时定时器（tx-period）：该定时器定义了两个时间间隔。其一，当设备端向客户端发送 EAP-Request/Identity 请求报文后，设备端启动该定时器，若在 tx-period 设置的时间间隔内设备端没有收到客户端的响应，则设备端将重发认证请求报文；其二，为了兼容不主动发送 EAPOL-Start 连接请求报文的客户端，设备会定期组播 EAP-Request/Identity 请求报文来检测客户端。tx-period 定义了该组播报文的发送时间间隔。

2）客户端认证超时定时器（supp-timeout）：当设备端向客户端发送了 EAP-Request/MD5 Challenge 请求报文后，设备端启动此定时器，若在该定时器设置的时长内设备端没有收到客户端的响应，则设备端将重发该报文。

3）认证服务器超时定时器（server-timeout）：当设备端向认证服务器发送了 RADIUS Access-Request 请求报文后，设备端启动 server-timeout 定时器，若在该定时器设置的时长内，设备端没有收到认证服务器的响应，则设备端将重发认证请求报文。

4）握手定时器（handshake-period）：此定时器是在用户认证成功后启动的，设备端以此间隔为周期发送握手请求报文，以定期检测用户的在线情况。如果配置发送次数为 N，则当设备端连续 N 次没有收到客户端的响应报文时，就认为用户已经下线。

5）静默定时器（quiet-period）：对用户认证失败以后，设备端需要静默一段时间（该时间由静默定时器设置），在静默期间，设备端不处理该用户的认证请求。

6）周期性重认证定时器（reauth-period）：如果端口下开启了周期性重认证功能，则设备端以此定时器设置的时间间隔为周期对该端口在线用户发起重认证。

10. 和 802.1x 配合使用的特性

（1）VLAN 下发

802.1x 用户在服务器上通过认证时，服务器会把授权信息传送给设备端。如果服务器上配置了下发 VLAN 功能，则授权信息中含有授权下发的 VLAN 信息。设备根据用户认证上线的端口链路类型，按以下情况将端口加入下发 VLAN 中。

端口的链路类型为 Access，当前 Access 端口离开用户配置的 VLAN 并加入授权下发的 VLAN 中。

端口的链路类型为 Trunk，设备允许授权下发的 VLAN 通过当前 Trunk 端口，并且端口的默认 VLAN ID 为下发 VLAN 的 VLAN ID。

（2）Guest VLAN

Guest VLAN 功能允许用户在未认证的情况下访问某一特定 VLAN 中的资源，比如，获取客户端软件、升级客户端或执行其他用户升级程序。

根据端口的接入控制方式不同，可以将 Guest VLAN 划分基于端口的 Guest VLAN 和基于 MAC 的 Guest VLAN。

1）PGV（Port-based Guest VLAN）。

在接入控制方式为 portbased 的端口上配置的 Guest VLAN 称为 PGV。若在一定的时间内（默认为 90s）配置了 PGV 端口上的无客户端认证，则该端口将被加入 Guest VLAN，所有在该端口接入的用户将被授权访问 Guest VLAN 里的资源。端口加入 Guest VLAN 的情况与加入授权下发的 VLAN 相同，与端口链路类型有关。

当端口上处于 Guest VLAN 中的用户发起认证且失败时：如果端口配置了 Auth-Fail VLAN，则该端口会被加入 Auth-Fail VLAN；如果端口未配置 Auth-Fail VLAN，则该端口仍然处于 Guest VLAN 内。

当端口上处于 Guest VLAN 中的用户发起认证且成功时，端口会离开 Guest VLAN，之后端口加入 VLAN 的情况与认证服务器是否下发 VLAN 有关，具体如下：

若认证服务器下发 VLAN，则端口加入下发的 VLAN 中。用户下线后，端口离开下发的 VLAN 回到初始 VLAN 中，该初始 VLAN 为端口加入 Guest VLAN 之前所在的 VLAN。

若认证服务器未下发 VLAN，则端口回到初始 VLAN 中。用户下线后，端口仍在该初始 VLAN 中。

2）MGV（MAC-based Guest VLAN）。

在接入控制方式为 macbased 的端口上配置的 Guest VLAN 称为 MGV。配置了 MGV 的端口上未认证的用户被授权访问 Guest VLAN 里的资源。

当端口上处于 Guest VLAN 中的用户发起认证且失败时：如果端口配置了 Auth-Fail VLAN，则认证失败的用户将被加入 Auth-Fail VLAN；如果端口未配置 Auth-Fail VLAN，则该用户将仍然处于 Guest VLAN 内。

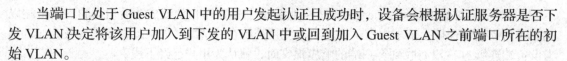

当端口上处于 Guest VLAN 中的用户发起认证且成功时，设备会根据认证服务器是否下发 VLAN 决定将该用户加入到下发的 VLAN 中或回到加入 Guest VLAN 之前端口所在的初始 VLAN。

（3）Auth-Fail VLAN

Auth-Fail VLAN 功能允许用户在认证失败的情况下访问某一特定 VLAN 中的资源，这个 VLAN 称为 Auth-Fail VLAN。需要注意的是，这里的认证失败是认证服务器因某种原因明确拒绝用户认证通过，比如用户密码错误，而不是认证超时或网络连接等原因造成的认证失败。

与 Guest VLAN 类似，根据端口的接入控制方式不同，可以将 Auth-Fail VLAN 划分为基于端口的 Auth-Fail VLAN 和基于 MAC 的 Auth-Fail VLAN。

1）PAFV（Port-based Auth-Fail VLAN）。

在接入控制方式为 portbased 的端口上配置的 Auth-Fail VLAN 称为 PAFV。在配置了 PAFV 的端口上，若有用户认证失败，则该端口会被加入 Auth-Fail VLAN，所有在该端口接入的用户将被授权访问 Auth-Fail VLAN 里的资源。端口加入 Auth-Fail VLAN 的情况与加入授权下发 VLAN 相同，与端口链路类型有关。

当端口上处于 Auth-Fail VLAN 中的用户再次发起认证时：如果认证失败，则该端口将仍然处于 Auth-Fail VLAN 内；如果认证成功，则该端口会离开 Auth-Fail VLAN，之后端口加入 VLAN 的情况与认证服务器是否下发 VLAN 有关，具体如下：

若认证服务器下发 VLAN，则端口加入下发的 VLAN 中。用户下线后，端口会离开下发的 VLAN 回到初始 VLAN 中，该初始 VLAN 为端口加入任何授权 VLAN 之前所在的 VLAN。

若认证服务器未下发 VLAN，则端口回到初始 VLAN 中。用户下线后，端口仍在该初始 VLAN 中。

2）MAFV（MAC-based Auth-Fail VLAN）。

在接入控制方式为 macbased 的端口上配置的 Auth-Fail VLAN 称为 MAFV。在配置了 MAFV 的端口上，认证失败的用户将被授权访问 Auth-Fail VLAN 里的资源。

当 Auth-Fail VLAN 中的用户再次发起认证时，如果认证成功，则设备会根据认证服务器是否下发 VLAN 决定将该用户加入下发的 VLAN 中，或回到加入 Auth-Fail VLAN 之前端口所在的初始 VLAN。

（4）ACL 下发

ACL（Access Control List，访问控制列表）提供了控制用户访问网络资源和限制用户访问权限的功能。当用户上线时，如果 RADIUS 服务器上配置了授权 ACL，则设备会根据服务器下发的授权 ACL 对用户所在端口的数据流进行控制；在服务器上配置授权 ACL 之前，需要在设备上配置相应的规则。管理员可以通过改变服务器的授权 ACL 设置或设备上对应的 ACL 规则来改变用户的访问权限。

（5）指定端口的强制认证域

指定端口的强制认证域（Mandatory Domain）为 802.1x 接入提供了一种安全控制策略。所有从该端口接入的 802.1x 用户将被强制使用该认证域来进行认证、授权和计费，可以防止用户通过恶意假冒其他域账号接入网络。

另外，对于采用证书的 EAP 中继方式的 802.1x 认证来说，接入用户的客户端证书决定了用户的域名。因此，即使所有端口上客户端的用户证书隶属于同一证书颁发机构，即输入的用户域名相同，管理员也可以通过配置强制认证域对不同端口指定不同的认证域，从而提高了管理员部署 802.1x 接入策略的灵活性。

11. DCN IEEE 802.1x 典型配置案例

IEEE 802.1x 交换机配置：

```
radius-server key 0 <key>
radius-server authentication host <Radius Server IP Address>
aaa enable
dot1x enable
Interface Ethernet1/1
 dot1x enable
 dot1x port-method macbased
Interface Ethernet1/2
 dot1x enable
 dot1x port-method macbased
Interface Ethernet1/3
 dot1x enable
 dot1x port-method macbased
Interface Ethernet1/4
 dot1x enable
 dot1x port-method macbased
Interface Ethernet1/5
 dot1x enable
 dot1x port-method macbased
```

✎ 习　　题

1. Radius 在网络中所起的作用有（　　　），可以概括为 AAA，其中 AAA 指的是认证、授权、计费。

    A. 用户名密码认证通过后再进行 MAC 认证

    B. 借助代理进行认证

    C. 将 AAA 服务器接在设备侧的旁路

    D. 把 MAC 地址作为用户名和密码上送 AAA 服务器进行认证

2. 下列有关 AAA 的描述，正确的有（　　　）。

    A. AAA 是认证、授权和计费的缩写，用来实现访问用户管理功能

    B. AAA 能用包括 Radius 协议在内的多种协议来实现

    C. AAA 一般采用客户端 / 服务器结构，客户端运行于被管理的资源侧，服务器上集中存放用户信息

    D. AAA 的实质是对用户访问网络资源进行控制

3. 下列选项中，可用于身份认证的技术包括（　　　）。

    A. 802.1X 认证　　　　B. PortaL 认证　　　　C. Radius　　　　D. EAD

4. 802.1x 认证架构中的三个基本元素是（　　　）、（　　　）和（　　　）。

    A. 请求者　　　　B. 认证者　　　　C. 管理者　　　　D. 认证服务器

5. 简述什么是 AAA 协议。

6. AAA 协议的三个要素是什么？

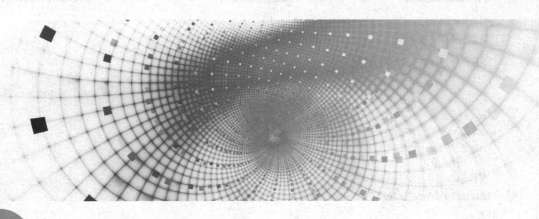

第3章 虚拟专用网络安全

3.1 网络被动监听攻击及其解决方案

学习目标

　　理解网络被动监听的概念，掌握密码学基本原理，对称密钥与非对称密钥的区别，常见加密算法工作流程。

3.1.1 网络被动监听攻击介绍

　　首先对公司的内部网络进行监听测试，发现在该网络中，只要是能监听到的流量，就可以对其进行分析。

　　图 3-1 所示分析了在公司网络中的 Telnet 流量，Telnet 用户名和密码都是 dcn；还分析了 Telnet 用户输入了 ena，也就是 enable 这个命令，enable 密码也是 dcn，然后用户又输入了两个命令，sh run 和 exit。

```
root@bt:~# dsniff
dsniff: listening on eth0
-----------------
04/01/15 07:37:28 tcp 192.168.1.101.1062 -> 1.1.1.1.23 (telnet)
dcn
dcn
ena
dcn
sh run
exit
```

图　3-1

　　这些是在公司的网络还没有实施防御措施之前做的测试，在防御措施实施之后，无法在公司的内部网络中进行抓包；但还是要考虑另外一个问题，那就是公司内部的网络不仅只有总公司的局域网，还包括异地员工的网络，比如在全国各地的分公司的局域网、在家办公员工和出差员工；如果异地员工的网络与总公司的网络进行互联，是需要通过在 Internet 上建立 VPN 连接的，而只要流量经过 Internet，那个网络就不受控制了，所以黑客是有可能监听到公司网络中的流量的。

　　如果存在这样的问题，那么需要考虑对网络流量进行加密。这样就算黑客监听到了公司网络中的流量，也无法分析到这些流量中的信息。

　　对网络流量进行加密的问题确实要考虑，在一些要求高安全的网络中，网络内部的流量也需要加密。

3.1.2　密码学基本原理

在对公司网络流量实施加密之前，必须对密码学的相关概念有一定的了解。第一个概念叫作散列函数。散列函数也叫作 HASH 函数，主要任务是验证数据的完整性，散列值经常被叫作指纹（Fingerprint）。为什么会被叫作指纹？因为散列的工作原理和指纹几乎一样。在说明散列工作原理之前先回想一下日常生活中指纹的用法，如图 3-2 所示。

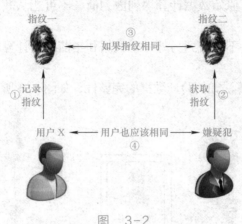

图　3-2

第一步：公安机关预先记录用户 X 的"指纹一"。

第二步：在某一犯罪现场公安机关获取嫌疑犯的"指纹二"。

第三步：通过查询指纹数据库发现"指纹一"等于"指纹二"。

第四步：由于指纹的唯一性（冲突避免），可以确定嫌疑犯就是用户 X。

了解了生活中指纹的工作原理，通过图 3-3 来了解一下散列（HASH）函数是如何验证数据完整性的。

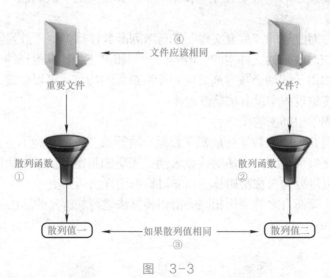

图　3-3

第一步：对重要文件通过散列函数计算得到"散列值一"。

第二步：现在收到另外一个文件"文件？"，对"文件？"进行散列函数计算得到"散列值二"。

第三步：发现"散列值一"等于"散列值二"。

第四步：由于散列函数的唯一性（冲突避免），可以确定"文件？"就是"重要文件"。

为什么只要散列值相同就能说明原始文件也相同呢？因为散列函数有以下4大特点：

1）固定大小是指散列函数可以接收任意大小的数据，但是输出固定大小的散列值。以MD5散列算法为例，不管原始数据有多大，通过MD5计算得到的散列值总是128位。

2）雪崩效应是指原始数据就算修改哪怕1位，计算得到的散列值也会发生巨大的变化。

3）单向是指只可能从原始数据计算得到散列值，不可能从散列值恢复哪怕一位的原始数据。

4）冲突避免是指几乎不能找到另外一个数据和当前数据计算的散列值相同，这样才能够确定数据的唯一性。

现在再来看一下散列算法如何验证数据的完整性，如图3-4所示。

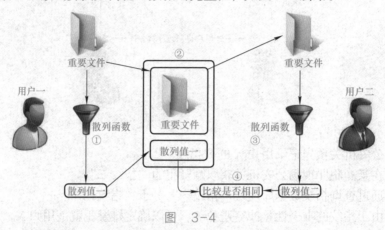

图 3-4

第一步：使用散列函数对需要发送的"重要文件"计算散列值，得到"散列值一"。

第二步：对需要发送的"重要文件"和第一步计算得到的"散列值一"进行打包，并且一起发送给接收方。

第三步：接收方对收到的"重要文件"进行散列函数计算得到"散列值二"。

第四步：接收方对收到的文件中的"散列值一"和第三步计算得到的"散列值二"进行比较，如果相同，则由于散列函数雪崩效应和冲突避免的特点，可以确定"重要文件"的完整性，文件在整个传输过程中没有被篡改过。

下面来讨论密码学中加密的概念。

加密顾名思义就是把明文数据变成密文数据，就算第三方截获到了密文数据也没有办法恢复到明文，解密正好反过来，合法的接收者通过正确的解密算法和密钥成功地恢复密文得到明文。加密算法可以分为对称密钥算法和非对称密钥算法两大类。

对称密钥算法，简而言之是使用相同的密钥和算法进行加解密的算法，如图3-5所示。

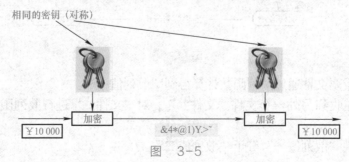

图 3-5

　　对称密钥算法的优点首先是速度快。现在很多人都在使用无线网络，而且绝大部分都会使用最新的无线安全技术 WPA2。WPA2 是使用 AES（Advanced Encryption Standard，高级加密标准）来加密的。大家每天上网也不会感觉到由于加密造成的网络延时，而且路由器或者交换机配上硬件加速模块基本上能够实现线速加密。

　　其次，它还有紧凑的优点。DES 有两种加密方式，一个叫作电子代码本（Electronic Code Book，ECB），一个叫作密码块链接（Cipher Block Chaining，CBC）。这两种加密方式的示意图如图 3-6 所示。

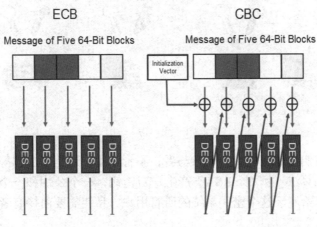

图　3-6

　　DES 是一个典型的块加密算法。所谓块加密就是把需要加密的数据包预先切分成为很多个相同大小的块（DES 的块大小为 64 位），然后使用 DES 算法逐块进行加密，如果长度不够，则添加数据补齐到块边界，这些添加的数据就会造成加密后的数据比原始数据略大。以一个 1500 字节大小的数据包为例，通过 DES 块加密后，最多（极限值）会增加 8 字节（64 比特）的大小。所以可以认为对称密钥算法加密后的数据是紧凑的。

　　现在对比 ECB 和 CBC 这两种加密算法。在 ECB 算法中，所有的块都使用相同 DES 密钥进行加密，这种加密方式有一个问题，就是相同的明文块加密后的结果也肯定相同，虽然中间截获数据的攻击者并不能解密数据，但是他们至少知道用户正在加密相同的数据包。为了解决这个问题，CBC 技术应运而生，使用 CBC 技术加密的数据包，会随机产生一个明文的初始化向量（IV）字段，这个 IV 字段会和第一个明文块进行异或操作，然后使用 DES 算法对异或操作的结果进行加密，所得到的密文块又会和下一个明文块进行异或操作，然后再加密。这个操作过程就叫 CBC。由于每一个包都用随机产生的 IV 字段进行了扰乱，即使传输的明文内容一样，加密后的结果也会出现差异，并且整个加密的块是连接在一起的，任何一个块解密失败，剩余部分都无法进行解密，增加了劫持者解密数据的难度。

　　对称密钥算法的主要缺点就是如何把相同的密钥发送给收发双方。明文传输密钥是非常不明智的，因为如果明文传输的密钥被中间人获取，那么中间人就能够解密使用这个密钥加密后的数据，和明文传送数据也就没有区别了。

　　非对称密钥算法，如图 3-7 所示。

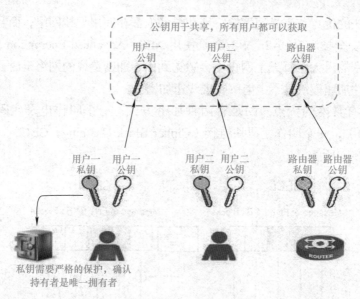

图　3-7

　　在使用非对称密钥技术之前，所有参与者，不管是用户还是路由器等网络设备，都需要预先使用非对称密钥算法（例如，RSA）产生一对密钥，一个公钥和一个私钥。公钥可以放在一个服务器上共享给属于这个密钥系统的所有用户，私钥需要由持有者严格保护确保只有持有者才唯一拥有。

　　非对称密钥算法的特点是一个密钥加密的信息必须使用另外一个密钥来解密。也就是说公钥加密私钥解密，私钥加密公钥解密，公钥加密的数据公钥自己解不了，私钥加密的数据私钥也解不了。可以使用非对称密钥算法来加密数据和对数据进行数字签名。首先来看看如何使用非对称密钥算法来完成加密数据的任务，如图3-8所示。

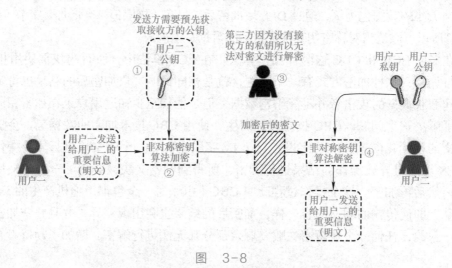

图　3-8

　　第一步：用户一（发起方）需要预先获取用户二（接收方）的公钥。
　　第二步：用户一使用用户二的公钥对重要的信息进行加密。
　　第三步：中途截获数据的攻击者由于没有用户二的私钥无法对数据进行解密。
　　第四步：用户二使用自己的私钥对加密后的数据（由用户二的公钥加密）进行解密，使用公钥加密私钥解密的方法实现了数据的私密性。

但是由于非对称密钥算法运算速度很慢，所以基本不可能使用非对称密钥算法对实际数据进行加密。实际运用中主要使用非对称密钥算法的这个特点来加密密钥，进行密钥交换。

非对称密钥算法的第二个用途就是数字签名，图 3-9 所示为数字签名的工作过程。

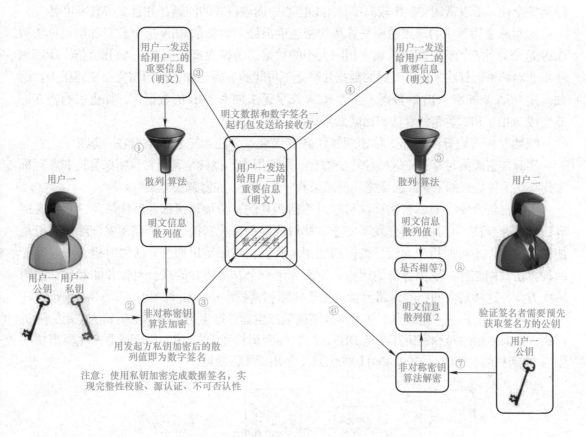

图　3-9

第一步：重要明文信息通过散列函数计算得到散列值。

第二步：用户一（发起者）使用自己的私钥对第一步计算的散列值进行加密，加密后的散列值就叫作数字签名。

第三步：把重要明文信息和数字签名一起打包发送给用户二（接收方）。

第四步：用户二从打包后的数据中提取出重要明文信息。

第五步：用户二使用和用户一相同的散列函数对第四步提取出来的重要明文信息计算散列值，得到的结果简称"散列值 1"。

第六步：用户二从打包后的数据中提取出数字签名。

第七步：用户二使用预先获取的用户一的公钥对第六步提取出的数字签名进行解密，得到明文的"散列值 2"。

第八步：比较"散列值 1"和"散列值 2"是否相等，如果相等则数字签名校验成功。

数字签名校验成功能够说明哪些问题？第一：保障了传输的重要明文信息的完整性。因为散列函数拥有冲突避免和雪崩效应两大特点。第二：可以确定对重要明文信息进行数字签名的用户为用户一，因为使用用户一的公钥成功解密了数字签名，只有用户一使用私钥加密产生的数字签名才能够使用用户一的公钥进行解密。通过数字签名的实例说明，数字签名提供完整性校验和源认证两大安全特性。

　　非对称密钥算法的优点非常突出，由于非对称密钥算法的特点，公钥是共享的，无须保障其安全性，所以密钥交换比较简单，不必担心中途被截获的问题，并且支持数字签名。

　　非对称密钥算法的缺点主要是算法加密速度很慢，如果拿 RSA 这个非对称密钥算法和 DES 这个对称密钥算法相比，加密相同大小的数据，DES 大概要比 RSA 快几百倍。所以想使用非对称密钥算法来加密实际的数据几乎是不可能的。因为加密后的密文会变得很大。比如，用 RSA 来加密 1GB 的数据（当然 RSA 几乎无法加密 1GB 的数据），加密后的密文可能变成 2GB，和对称密钥算法相比就太不紧凑了。

　　既然对称密钥算法和非对称密钥算法各有优缺点，能否把它们结合在一起？

　　实际加密通信时都是将这两种算法结合起来使用的。也就是利用对称密钥算法和非对称密钥算法的优势来加密实际的数据。下面来看一个"巧妙加密解决方案"。

　　前面已经介绍了对称密钥算法和非对称密钥算法，两种算法都各有优缺点，对称密钥算法加密速度快，但是密钥分发不安全。非对称密钥算法密钥分发不存在安全隐患，但是加密速度慢，不可能用于大流量数据的加密。所以在实际使用加密算法的时候，一般都让两种算法共同工作，发挥各自的优点。下面介绍一个非常巧妙的联合对称和非对称算法的解决方案，这种解决问题的思路大量运用于实际加密技术中，如图 3-10 和图 3-11 所示。

　　第一步：用户一（发起方）使用本地随机数产生器，产生用于对称密钥算法使用的随机密钥，如果使用的对称密钥算法是 DES，DES 的密钥长度为 56 位，则随机数产生器需要产生 56 个随机的"00011101001000110000111…"用于加密数据。

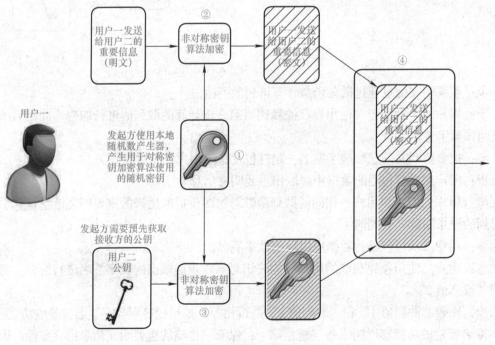

图　3-10

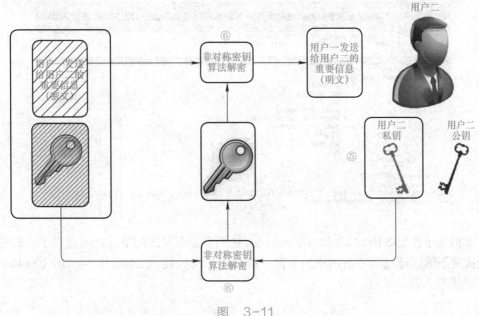

图 3-11

第二步：使用第一步产生的随机密钥对重要的明文信息通过对称密钥算法进行加密，得到密文（很好地利用了对称密钥算法速度快和结果紧凑的特点）。

第三步：用户一（发送方）需要预先获取用户二（接收方）的公钥，并且使用用户二的公钥对第一步产生的随机密钥进行加密，得到加密的密钥包。

第四步：对第二步和第三步产生的密文和密钥包进行打包，一起发送给接收方。

第五步：用户二首先提取出密钥包，并且使用自己的私钥对它进行解密，得到明文的随机密钥（使用非对称密钥算法进行密钥交换，有效防止密钥被中途劫持）。

第六步：用户二提取出密文，并且使用第五步解密得到的随机密钥进行解密，得到明文的重要信息。

这个巧妙的加密解决方案，使用对称密钥算法对大量的实际数据（重要信息）进行加密，利用了对称密钥算法加密速度快、密文紧凑的优势，又使用非对称密钥算法对对称密钥算法使用的随机密钥进行加密，实现了安全的密钥交换，很好地利用了非对称密钥不怕中途劫持的特点。这种巧妙的方案大量运用在实际加密技术中，比如，IPSec VPN也使用非对称密钥算法 DH 来产生密钥资源，再使用对称密钥算法（DES、3DES…）来加密实际数据。

下面可以利用密码学的原理，让公司在全国各地的分公司的局域网以及在家办公的员工、出差在外的员工在与总公司的网络进行通信的时候进行安全的 VPN 连接。

VPN 的作用是在公用网络（比如，Internet）上建立专用网络。

那么应该如何在公用网络（比如，Internet）上建立专用网络？

可以使用隧道技术。比如 GRE（Generic Routing Encapsulation）就是将专有网络的 IP 数据包（包括 IP 头部和 IP 数据两部分），用公有网络的 IP 头部进行封装，如图 3-12 所示。

在图 3-12 中，将 172.16.1.1 → 172.16.1.2 的 ICMP 数据包二次封装了 202.100.45.5 → 202.100.46.6 这个 IP 头部，在整个数据包中，内层 IP 头部是用于数据在专有网络中进行路由的，而外层的 IP 头部是用于数据包在公有网络中进行路由的。

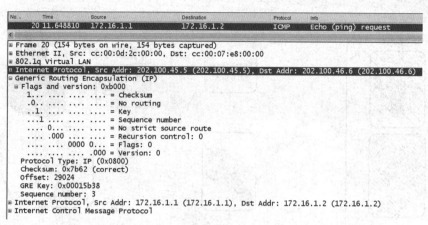

No.	Time	Source	Destination	Protocol	Info
20	11.648810	172.16.1.1	172.16.1.2	ICMP	Echo (ping) request

```
⊞ Frame 20 (154 bytes on wire, 154 bytes captured)
⊞ Ethernet II, Src: cc:00:0d:2c:00:00, Dst: cc:00:07:e8:00:00
⊞ 802.1q Virtual LAN
⊟ Internet Protocol, Src Addr: 202.100.45.5 (202.100.45.5), Dst Addr: 202.100.46.6 (202.100.46.6)
⊟ Generic Routing Encapsulation (IP)
  ⊟ Flags and version: 0xb000
      1... .... .... .... = Checksum
      .0.. .... .... .... = No routing
      ..1. .... .... .... = Key
      ...1 .... .... .... = Sequence number
      .... 0... .... .... = No strict source route
      .... .000 .... .... = Recursion control: 0
      .... .... 0000 0... = Flags: 0
      .... .... .... .000 = Version: 0
    Protocol Type: IP (0x0800)
    Checksum: 0x7b62 (correct)
    Offset: 29024
    GRE Key: 0x00015b38
    Sequence number: 3
⊞ Internet Protocol, Src Addr: 172.16.1.1 (172.16.1.1), Dst Addr: 172.16.1.2 (172.16.1.2)
⊞ Internet Control Message Protocol
```

图 3-12

所以相当于在202.100.45.5和202.100.46.6这两个公有网络的节点之间建立了一条隧道，只要是从这条隧道通过的专有网络的数据，就必须二次封装202.100.45.5->202.100.46.6这个IP头部才能进入这条隧道。

习 题

1. 以下哪项是对密码学正确的定义？（　　）
   A. 密码学是研究怎样破解密码的一门学问
   B. 密码学是研究怎样加密数据的一门学问
   C. 密码学是应用在军事领域的无线通信中的一种加密学科
   D. 密码学是研究计算机信息加密、解密及其变换的学科

2. 以下关于混合加密方式说法中，正确的是（　　）。
   A. 采用公开密钥体制对通信过程中的数据进行加解密处理
   B. 不采用公开密钥对对称密钥体制的密钥进行加密处理
   C. 采用对称密钥体制对非对称密钥体制的密钥进行加密
   D. 采用混合加密方式，利用了对称密钥体制的密钥容易管理和非对称密钥体制的加解密处理速度快的双重优点

3. 常用的公钥加密算法有（　　），它可以实现加密和数字签名。
   A. DES　　　　B. IDES　　　　C. 三元DES　　　　D. RSA

4. 以下关于加密算法的叙述中，正确的是（　　）。
   A. DES算法采用128位的密钥进行加密
   B. DES算法采用两个不同的密钥进行加密
   C. 三重DES算法采用3个不同的密钥进行加密
   D. 三重DES算法采用2个不同的密钥进行加密

5. 什么是对称密钥和非对称密钥？

6. 常见现代加密算法有哪些？有何特点？

3.2　IPSec VPN 解决方案

学习目标

理解 VPN 概念，掌握 IPSec 协议字段的含义，IPSec P1 P2 协商流程及所涉及的相关技术。掌握 IPSec 配置流程。

3.2.1　IPSec 介绍

IPSec 是一个标准的加密技术，通过插入一个预定义头部来保障 OSI 上层协议数据的安全。IPSec 提供了网络层的安全性，如图 3-13 所示。

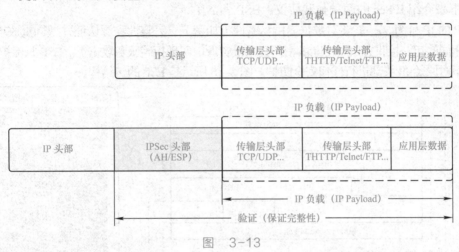

图　3-13

IPSec 相对于 GRE 技术提供了更多的安全特性，对 VPN 流量提供了以下 3 方面的保护：

1）私密性（Confidentiality）：数据私密性也就是对数据进行加密，就算第三方能够捕获加密后的数据，也不能恢复成明文。

2）完整性（Integrity）：完整性确保数据在传输过程中没有被第三方篡改。

3）源验证（Authentication）：源认证也就是对发送数据包的源进行认证，确保是合法的源发送了此数据包。

IPSec 框架如图 3-14 所示。

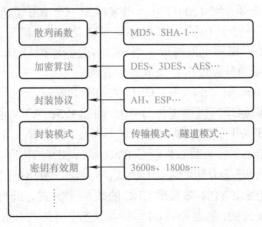

图　3-14

传统的一些安全技术，如 HTTPS 和一些老的无线安全技术（WEP/WPA），都是固定使用某一个特定的加密和散列函数。这种做法有风险，因为如果某一天这个安全算法曝出严重漏洞，那么使用这个加密算法或者散列函数的安全技术也就不应该再被使用了。为了防止这种事件发生。IPSec 并没有定义具体的加密和散列函数，而是提供了一个框架。每一次 IPSec 会话所使用的具体算法可以协商决定，也就是说如果觉得 3DES 这个算法所提供的 168 位的加密强度能够满足当前的需要，那么暂时就可以用这个协议来加密数据。如果某一天 3DES 出现了严重漏洞，或者出现了一个更好的加密协议，则可以马上修改加密协议，让 IPSec VPN 总是使用最新最好的协议。图 3-14 所示就是 IPSec 框架示意图，图 3-14 说明，散列函数、加密算法、封装协议和模式、密钥有效期等内容都可以协商决定。

接下来介绍 IPSec 的两种封装协议：ESP 和 AH。

ESP 的 IP 号为 50，能够对数据提供私密性（加密）、完整性和源认证并抵御重放攻击（反复发送相同的包，接收方由于不断解密消耗系统资源，实现拒绝服务攻击）。ESP 只保护 IP 负载数据，不对原始 IP 头部进行任何安全防护。图 3-15 所示是 ESP 的包结构。

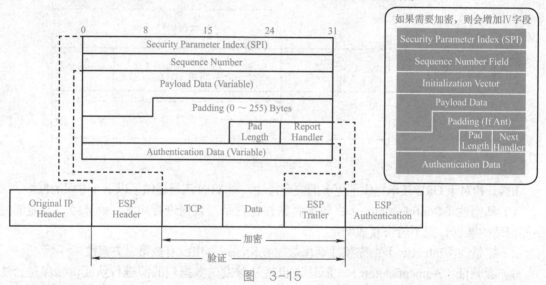

图 3-15

安全参数索引（SPI）：一个 32 位的字段，用来标识处理数据包的安全关联（Security Association）。

序列号（SN）：一个单调增长的序号，用来标识一个 ESP 数据包。例如，当前发送的 ESP 包序列号是 101，下一个传输的 ESP 包序列号就是 102，再下一个就是 103。接收方通过序列号来防止重放攻击，原理也很简单，当接收方收到序列号 102 的 ESP 包后，如果再次收到 102 的 ESP 包就被视为重放攻击，采取丢弃处理。

初始化向量（Initialization Vector）：CBC 块加密为每一个包产生的随机数，用来扰乱加密后的数据，具体工作原理可以参考图 3-10。当然 IPSec VPN 也可以选择不加密（加密不是必需的，虽然一般都采用），如果不加密就不存在 IV 字段。

负载数据（Payload Data）：负载数据就是 IPSec 实际加密的内容，很有可能就是 TCP 头部加相应的应用层数据，后面还会介绍两种封装模式，封装模式的不同也会影响负载数据的内容。

垫片（Padding）：IPSec VPN 都采用 CBC 的块加密方式，既然采用块加密，就需要对数据补齐块边界。以 DES 为例，需要补齐 64 位的块边界，追加的补齐块边界的数据就叫垫片。如果不加密就不存在垫片字段。

垫片长度（Pad Length）：垫片长度顾名思义就是告诉接收方，垫片数据有多长，接收方解密后就可以清除这部分多余数据。如果不加密就不存在垫片长度字段。

下一个头部（Next Header）：下一个头部标识 IPSec 封装负载数据里的下一个头部，根据封装模式的不同下一个头部也会发生变化，如果是传输模式，则下一个头部一般都是传输层头部（TCP/UDP），如果是隧道模式，则下一个头部肯定是 IP。关于传输模式和隧道模式将在本章后面部分进行介绍。也能从"下个头部"这个字段看到 IPv6 的影子，IPv6 的头部就是使用很多个"下一个头部"串接在一起的，这也说明 IPSec 最初是为 IPv6 设计的。

认证数据（Authentication Data）：ESP 会对从 ESP 头部到 ESP 尾部的所有数据进行验证，也就是做 HMAC 的散列计算，得到的散列值会被放到认证数据部分，接收方可以通过这个认证数据部分对 ESP 数据包进行完整性和源认证的校验。

AH（Authentication Header）协议：AH 的 IP 号为 51，AH 只能够对数据提供完整性和源认证，并且抵御重放攻击。AH 并不对数据提供私密性服务，也就是说不加密，所以在实际部署 IPSec VPN 的时候很少使用 AH，绝大部分都使用 ESP 来封装。当然 AH 不提供私密性服务只是其中一个原因，后面部分还会介绍 AH 不被大量使用的另外一个原因。先通过图 3-16 来看一看 AH 的包结构。

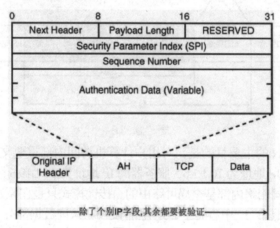

图　3-16

AH 翻译成中文就叫作认证头部，得名的原因就是它和 ESP 不一样，ESP 不验证原始 IP 头部，AH 却要对 IP 头部的一些它认为不变的字段进行验证。可以通过图 3-17 来看一看哪些字段 AH 认为是不变的。

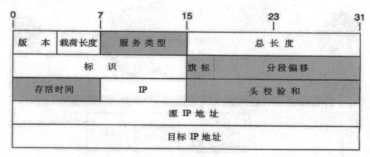

图　3-17

图 3-17 中的灰色部分是不进行验证（散列计算）的，但是白色部分 AH 认为应该不会发生变化，需要对这些部分进行验证。可以看到 IP 地址字段是需要验证的，不能被修改。

AH 这么选择也有它自身的原因。IPSec 的 AH 封装最初是为 IPv6 设计的，在 IPv6 网络里地址不改变非常正常，但是现在使用的主要是 IPv4 的网络，地址转换技术（NAT）经常被采用。一旦 AH 封装的数据包穿越 NAT，地址就会改变，抵达目的地之后就不能通过验证，所以 AH 协议封装的数据不能穿越 NAT，这就是 AH 不被 IPSec 大量使用的第二个原因。

接下来介绍封装模式，IPSec 有传输模式（Transport Mode）和隧道模式（Tunnel Mode）两种数据封装模式。

3.2.2 IPSec Transport Mode

如图 3-18 所示，传输模式实现起来很简单，主要就是在原始 IP 头部和 IP 负载（TCP 头部和应用层数据）中间插入一个 ESP 头部，当然 ESP 还会在最后追加 ESP 尾部和 ESP 验证数据部分，并且对 IP 负载（TCP 头部和应用层数据）和 ESP 尾部进行加密和验证处理，原始 IP 头部被完整地保留下来。图 3-19 所示是 IPSec VPN 传输模式示意图。

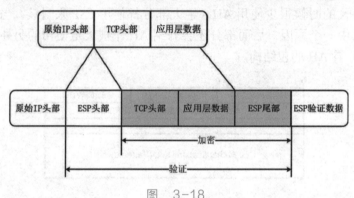

图 3-18

设计这个 IPSec VPN 的主要目的是，对用户计算机访问内部重要文件服务器的流量进行安全保护。用户计算机的 IP 地址为 10.1.1.5，服务器的 IP 地址为 10.1.19.5。这两个地址是公司网络的内部地址，至少在公司网络内部是全局可路由的。传输模式只是在原始 IP 头部和 IP 负载中间插入了一个 ESP 头部（图 3-19 中省略了 ESP 尾部和 ESP 认证数据部分），并且对 IP 负载进行加密和验证操作。把实际通信的设备叫作通信点，加密数据的设备叫作加密点，在图 3-19 中实际通信和加密设备都是用户计算机（10.1.1.5）和服务器（10.1.19.5），加密点等于通信点，只要能够满足加密点等于通信点的条件就可以进行传输模式封装。

图 3-19

什么时候会使用 IPSec 的传输模式?

由于公司内部的网络包括总公司的网络、全国各地分公司的局域网通过 VPN 连到总公司的网络,还有在家办公人员和出差人员通过 VPN 连到总公司的网络,整个网络内部都是全局可路由的,如果在公司内部的网络中需要对主机与主机之间进行通信的流量进行加密,这时候就可以使用到 IPSec 的传输模式。

在 Windows 操作系统下就支持 IPSec,如图 3-20 所示。

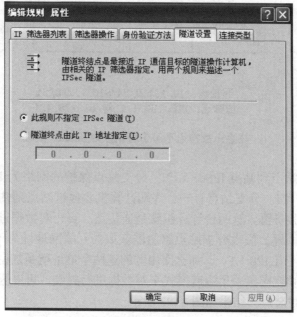

图　3-20

在这里不指定 IPSec 隧道,就是使用 IPSec 传输模式。

3.2.3　IPSec Tunnel Mode: L2L IPSec VPN

隧道模式是如何对数据进行封装的,如图 3-21 所示。

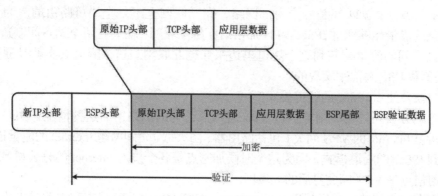

图　3-21

隧道模式把原始 IP 数据包整个封装到了一个新的 IP 数据包中,并且在新 IP 头部和原始 IP 头部中间插入了 ESP 头部对整个原始 IP 数据包进行了加密和验证处理。什么样的网络拓扑适合使用隧道模式来封装 IP 数据包呢? 站点到站点的 IPSec VPN 就是一个经典的实例,可以来分析一下站点到站点的 IPSec VPN 是如何使用隧道模式来封装数据包的。图 3-22 详细介绍了这一过程。

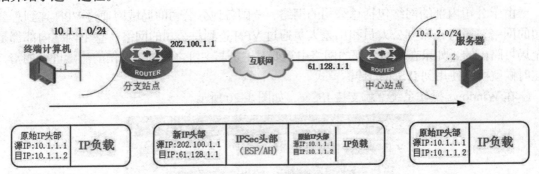

通信点：10. 1. 1. 0/24 与 10. 1. 2. 0/24
加密点：202. 100. 1. 1 与 61. 128. 1. 1

注意：加密点不等于通信点为 Tunnel Mode

图 3-22

这是一个典型的站点到站点 IPSec VPN，分支站点保护的网络为 10.1.1.0/24，中心站点保护的网络为 10.1.2.0/24。分支站点有一台终端计算机要通过站点到站点的 IPSec VPN 来访问中心站点的数据库服务器。这两台计算机就是通信点。真正对数据进行加密的设备是两个站点连接互联网的路由器。假设分支站点路由器获取的互联网地址为（202.100.1.1），中心站点的互联网地址为（61.128.1.1），那么路由器的这两个地址就是加密点。很明显加密点不等于通信点，这个时候就应该采用隧道模式来对数据进行封装。可以假设一下如果依然进行传输模式封装，那么封装后的结果如图 3-23 所示。

图 3-23

可以想象一下，如果这种包被直接发送到互联网，一定会被互联网路由器丢弃，因为 10.1.1.0/24 和 10.1.2.0/24 都是客户内部网络，在互联网上不是全局可路由的。为了能够让站点到站点的流量能够通过 IPSec VPN 加密后穿越互联网，需要在两个站点间制造一个"隧道"，把站点间的流量封装到这个隧道里边来穿越互联网。这个隧道其实就是通过插入全新的 IP 头部和 ESP 头部来实现的。

什么时候会使用 IPSec 的隧道模式？

对于各地分公司的局域网要通过 VPN 接入总公司的网络中的这种情况，如果只需要对分公司连接至 Internet 的 VPN 网关（包括路由器、防火墙）之间跨越 Internet 的流量进行保护，则需要用到 IPSec 的隧道模式，因为这个时候加密点是各个接入 Internet 的分公司 VPN 网关，而实际的通信点是 VPN 网关身后的局域网。

另外还有一个情况，如果是远程拨号用户，包括在家办公的员工和出差员工的计算机，通过 Internet 拨号到公司的 VPN 网关，使用的是 IPSec VPN，那么也为 IPSec 隧道模式。

因为在这时，VPN 网关会为远程拨号用户分配一个用于公司内部网络的 IP 地址，而远程拨号用户还有一个用于访问 Internet、ISP 为其分配的 IP 地址，在这种情况下，加密点为 ISP 为其分配的 IP 地址到公司的 VPN 网关连接至 Internet 的 IP 地址，而通信点是用于公司内部网络的 IP 地址到公司的网络内部的 IP 地址。

在中心站点与分支站点之间建立 IPSec VPN 的网络拓扑和配置如图 3-24 所示。

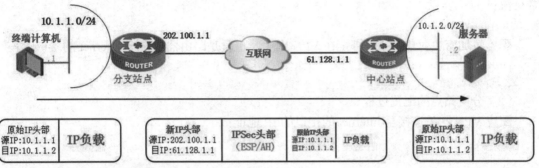

图 3-24

（1）在中心站点的 VPN 进行网关配置的过程

配置 VPN 网关连接至 Internet 的接口的 IP 地址：

```
interface FastEthernet0/0
ip address 61.128.1.1 255.255.255.252
```

配置一个 IPSec 加密转换集合，这个集合的名字为 dcn，集合里面指定了 IPSec 使用的封装协议为 ESP，加密算法为 DES，散列算法为 MD5。其实这里面还有一个命令 mode tunnel，由于是默认命令，所以没有显示，也就是说，默认的 IPSec 数据封装模式为隧道模式：

```
crypto ipsec transform–set dcn
transform–type esp–des esp–md5–hmac
```

通过 IP 访问列表 dcn 配置一个感兴趣数据流，它定义了究竟什么样的流量需要被保护：

```
ip access–list extended dcn
permit ip 10.1.2.0 255.255.255.0 10.1.1.0 255.255.255.0
```

配置一个加密映射集合，集合名字叫 dcn，在这个集合里面可以定义多个策略，比如，可以有多个分支站点都可以通过 IPSec 的隧道连接至中心站点，不同的分支站点在与中心站点进行 IPSec 隧道连接时，可以使用不同的策略；在这个例子里只有一个分支站点，就是 202.100.1.1。对这个分支站点定义的策略编号为 10：

```
crypto map dcn 10 ipsec–manual
```

配置 IPSec 对等体的 IP 地址，也就是分支站点的 IP 地址 202.100.1.1：

```
set peer 202.100.1.1
```

配置安全参数索引（SPI），用来标识处理数据包的安全关联（Security Association）。对于任何一对 IPSec 的 Peer（对等体）之间，有两个安全关联（Security Association），一个为出方向，一个为入方向。在这个例子中，中心站点与分支站点之间是 IPSec 对等体，中心站点的出方向和分支站点的入方向为同一个安全关联，SPI 都是 259，中心站点的入方向和分支站点的出方向也为同一个安全关联，SPI 都是 260。

cipher 是为这个安全关联设置的加密用的密钥，authenticator 是为这个安全关联设置的认证用的密钥。

```
set security–association outbound esp 259 cipher 0x0011223344556677 authenticator 0x00112233445566778
899aabbccddeeff
set security–association inbound esp 260 cipher 0x0011223344556677 authenticator 0x00112233445566778
99aabbccddeeff
```

配置通过加密映射集合调用之前定义的加密转换集合 dcn：

```
 set transform-set dcn
```

配置通过加密映射集合调用之前定义的 IP 访问列表 dcn，也就是调用之前定义的感兴趣数据流：

```
 match address dcn
```

配置将加密映射集合 dcn 绑定在 VPN 网关，也就是路由器连接至 Internet 的接口上：

```
interface FastEthernet0/0
crypto map dcn
```

（2）分支站点的配置过程

配置 VPN 网关连接至 Internet 的接口的 IP 地址：

```
interface FastEthernet0/0
ip address 202.100.1.1 255.255.255.252
```

配置一个 IPSec 加密转换集合，这个集合的名字为 dcn，集合里面指定了 IPSec 使用的封装协议为 ESP，加密算法为 DES，散列算法为 MD5，要与中心站点的配置相同：

```
crypto ipsec transform-set dcn
transform-type esp-des esp-md5-hmac
```

通过 IP 访问列表 dcn 配置一个感兴趣数据流，感兴趣数据流定义了究竟什么样的流量需要被保护；这里的源地址和目的地址要与中心站点正好相反：

```
ip access-list extended dcn
permit ip 10.1.1.0 255.255.255.0 10.1.2.0 255.255.255.0
```

配置 IPSec 对等体的 IP 地址，在这里是中心站点的 IP 地址 61.128.1.1：

```
crypto map dcn 10 ipsec-manual
set peer 61.128.1.1
set security-association inbound esp 259 cipher 0x0011223344556677 authenticator 0x001122334455667788
99aabbccddeeff
set security-association outbound esp 260 cipher 0x0011223344556677 authenticator 0x00112233445566778
899aabbccddeeff
set transform-set dcn
match address dcn
interface FastEthernet0/0
 crypto map dcn
```

按照图 3-25 所示，中心站点的 VPN 网关应该再配置两条路由。

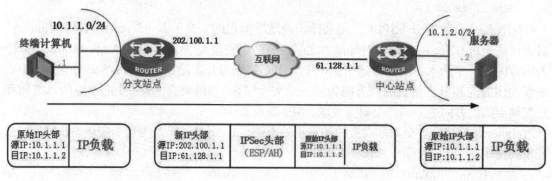

图 3-25

找到对端的 VPN 网关的 IP 地址的：

```
ip route 202.100.1.0 255.255.255.252 61.128.1.2
```

找到对端的 VPN 网关身后的网络 10.1.1.0。

ip route 10.1.1.0 255.255.255.0 61.128.1.2

分支站点的 VPN 网关也应该再配置两条路由：

ip route 61.128.1.0 255.255.255.252 202.100.1.2

ip route 10.1.2.0 255.255.255.0 202.100.1.2

3.2.4　GRE Over IPSec

IPSec 作为 VPN 的主流技术被广泛使用。IPSec 提供一种标准的、健壮的以及包容广泛的机制，可用它为 IP 及上层协议提供安全保证。IPSec 协议是完备的，它能够提供对数据包完整性、机密性、抗重播等特性。但是高度完备带来的是适应能力减弱，在实际中可能会遇到如下问题：

1）IPSec 无法传输组播报文。

2）IPSec 无法传输 OSPF、RIP 等动态路由。

GRE 协议是对某些网络层协议的数据报进行封装，使这些被封装的数据报能够在另一个网络层协议中传输。GRE 是 VPN 的第三层隧道协议，在协议层之间采用了一种被称为 Tunnel 的技术。Tunnel 是一个虚拟的点对点的连接，在实际中可以看成仅支持点对点连接的虚拟接口，这个接口提供了一条通路使封装的数据报能够在这个通路上传输，并且在一个 Tunnel 的两端分别对数据报进行封装及解封装。

GRE 能够在组播报文的前面封装一个单播的 IP 报文头，构造一个普通的单播 IP 数据报文，达到传输组播数据的目的。

GRE 是一个 IP 层的协议，它的 IP 端口号是 47，没有 TCP/UDP 的端口，因此能够突破某些设备对四层端口的限制。

GRE 由于是一个隧道技术，在互联网上，从 Source 到 Destination 的传输可能经历了 N 跳，但对于内部承载的数据来看，它只消耗一跳。

这一特性可以解决如下问题：

1）IPSec 无法传输组播报文的问题。

2）IPSec 无法传输 OSPF、EIGRP、RIP 路由的问题。

因为 GRE 可以封装组播数据并在 GRE 隧道中传输，所以对于诸如路由协议、语音、视频等组播数据需要在 IPSec 隧道中传输的情况，可以通过建立 GRE 隧道并对组播数据进行 GRE 封装，然后再对封装后的报文进行 IPSec 加密处理，实现组播数据在 IPSec 隧道中的加密传输。如图 3-26 所示，说明了 GRE Over IPSec 这个技术数据包的封装形式。

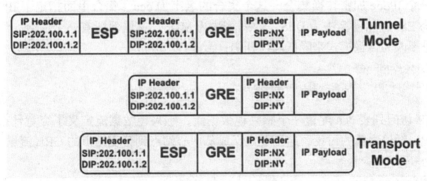

图　3-26

下面介绍如何实施 GRE Over IPSec 的技术，如图 3-27 所示。

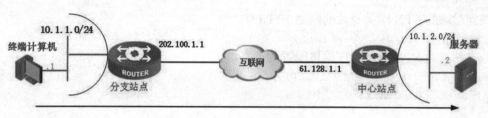

图 3-27

首先要在中心站点和分支站点之间建立 GRE 隧道。

（1）中心站点的配置过程

定义 Tunnel 接口：

```
interface Tunnel0
ip address 172.16.1.1 255.255.255.252
tunnel source 61.128.1.1
tunnel destination 202.100.1.1
```

配置 OSPF 路由协议，这时 VPN 网关之间将通过 Tunnel 接口来相互学习路由表：

```
router ospf 1
network 10.1.2.0 255.255.255.0 area 0
network 172.16.1.0 255.255.255.252 area 0
```

分支站点的配置反之：

定义 Tunnel 接口：

```
interface Tunnel0
ip address 172.16.1.2 255.255.255.252
tunnel source 202.100.1.1
tunnel destination 61.128.1.1
```

配置 OSPF 路由协议，这时 VPN 网关之间将通过 Tunnel 接口来相互学习路由表：

```
router ospf 1
network 10.1.1.0 255.255.255.0 area 0
network 172.16.1.0 255.255.255.252 area 0
```

接下来利用 IPSec 配置方法对 GRE 流量进行保护。

在中心站点的 VPN 网关的配置：

配置 VPN 网关连接至 Internet 的接口的 IP 地址：

```
interface FastEthernet0/0
ip address 61.128.1.1 255.255.255.252
```

配置一个 IPSec 加密转换集合，这个集合的名字为 dcn，集合里面指定了 IPSec 使用的封装协议为 ESP，加密算法为 DES，散列算法为 MD5。这里面还有一个命令，经过之前的讨论，这里要改为传输模式来降低网络开销：

```
crypto ipsec transform-set dcn
transform-type esp-des esp-md5-hmac
mode transport
```

通过 IP 访问列表 dcn 配置一个感兴趣数据流，感兴趣数据流定义了究竟什么样的流量需要被保护。经过之前的讨论，这里要定义成从中心站点到分支站点的 GRE 流量：

```
ip access-list extended dcn
permit gre 61.128.1.1 255.255.255.255 202.100.1.1 255.255.255.255
```

配置一个加密映射集合，集合名字叫 dcn，在这个集合里面可以定义多个策略，比如，可以有多个分支站点都可以通过 IPSec 隧道连接至中心站点，不同的分支站点在与中心站点进行 IPSec 隧道连接时，可以使用不同的策略。在这个例子里只有一个分支站点，就是202.100.1.1，所以对这个分支站点定义的策略编号为 10：

```
crypto map dcn 10 ipsec-manual
```

配置 IPSec 对等体的 IP 地址，也就是分支站点的 IP 地址 202.100.1.1：

```
set peer 202.100.1.1
```

配置安全参数索引（SPI），用来标识处理数据包的安全关联（Security Association），对于任何一对 IPSec 的 Peer（对等体）之间，有两个安全关联（Security Association），一个为出方向，一个为入方向。在这个例子中，中心站点与分支站点之间是 IPSec 对等体，中心站点的出方向和分支站点的入方向为同一个安全关联，SPI 都是 259，中心站点的入方向和分支站点的出方向也为同一个安全关联，SPI 都是 260。

cipher 是为这个安全关联设置的加密用的密钥，authenticator 是为这个安全关联设置的认证用的密钥：

```
set security-association outbound esp 259 cipher 0x0011223344556677 authenticator 0x00112233445566778
899aabbccddeeff
set security-association inbound esp 260 cipher 0x0011223344556677 authenticator 0x0011223344556677788
99aabbccddeeff
```

配置通过加密映射集合调用之前定义的加密转换集合 dcn：

```
set transform-set dcn
```

配置通过加密映射集合调用之前定义的 IP 访问列表 dcn，也就是调用之前定义的感兴趣的数据流：

```
match address dcn
```

配置的是将加密映射集合 dcn 绑定在 VPN 网关，也就是路由器连接至 Internet 的接口上：

```
interface FastEthernet0/0
crypto map dcn
```

（2）分支站点的配置过程

配置 VPN 网关连接至 Internet 的接口的 IP 地址：

```
interface FastEthernet0/0
ip address 202.100.1.1 255.255.255.252
```

配置一个 IPSec 加密转换集合，这个集合的名字为 dcn，集合里面指定了 IPSec 使用的封装协议为 ESP，加密算法为 DES，散列算法为 MD5，要与中心站点的配置相同，而且这里的数据封装模式也要改成传输模式。

```
crypto ipsec transform-set dcn
transform-type esp-des esp-md5-hmac
mode transport
```

通过 IP 访问列表 dcn 配置一个感兴趣数据流，感兴趣数据流定义了究竟什么样的流量需要被保护。经过之前的讨论，这里要定义成从分支站点到中心站点的 GRE 流量。这里的源地址和目的地址要与中心站点正好相反：

```
ip access-list extended dcn
permit gre 202.100.1.1 255.255.255.255 61.128.1.1 255.255.255.255
```

配置 IPSec 对等体的 IP 地址，在这里是中心站点的 IP 地址 61.128.1.1。

```
crypto map dcn 10 ipsec-manual
set peer 61.128.1.1
set security-association inbound esp 259 cipher 0x0011223344556677 authenticator 0x0011223344556677788
99aabbccddeeff
```

set security—association outbound esp 260 cipher 0x0011223344556677 authenticator 0x00112233445566778899aabbccddeeff

set transform—set dcn

match address dcn

interface FastEthernet0/0

crypto map dcn

由于现在有了 OSPF 路由协议，所以 VPN 网关的路由表里有了到达对端的 VPN 网关身后的网段的路由信息。

为了让每个 VPN 网关找到与它对端的 VPN 网关连接到 Internet 的 IP 地址，也需要路由信息，总公司的 VPN 网关连接到 Internet 的 IP 地址与各个分公司的 VPN 网关连接到 Internet 的 IP 地址肯定都不在同一个网段，因为它们连接的都是全国各地的运营商。

中心站点的 VPN 网关应该再配置这条路由：

ip route 202.100.1.0 255.255.255.252 61.128.1.2

分支站点的 VPN 网关也应该再配置这条路由：

ip route 61.128.1.0 255.255.255.252 202.100.1.2

✎ 习　题

1. ESP 协议和 AH 协议使用的协议号分别是（　　）。

　　A. ESP 协议使用的是 IP49 协议，AH 协议使用的是 IP50 协议

　　B. ESP 协议使用的是 IP50 协议，AH 协议使用的是 IP51 协议

　　C. ESP 协议使用的是 IP51 协议，AH 协议使用的是 IP52 协议

　　D. ESP 协议使用的是 IP50 协议，AH 协议使用的是 IP49 协议

2. IPSec 协议是（　　）的缩写。

　　A. IP 安全协议　　　　B. 服务器协议　　　　C. 第二 IP 协议 0　　D. 无线协议

3. 在两台远程路由器之间抓取报文，发现数据包由 IP 头部、ESP 头部以及被加密后的数据组成，则该数据包有可能经历如下哪些过程？（　　）

　　A. GRE over IPSec，IPSec 采用传输模式

　　B. GRE over IPSec，IPSec 采用隧道模式

　　C. IPSec over GRE，IPSec 采用传输模式

　　D. IPSec over GRE，IPSec 采用隧道模式

4. 以下关于 IPSec 协议的叙述中，正确的是（　　）。

　　A. IPSec 协议是解决 IP 协议安全问题的一种方案

　　B. IPSec 协议不能提供完整性

　　C. IPSec 协议不能提供机密性保护

　　D. IPSec 协议不能提供认证功能

5. IPSec VPN 一般应用在哪些场景？

6. IPSec VPN 对比其他 VPN 有哪些优势？

3.3 IKE 解决方案

学习目标

理解网络密钥交换协议 IKE 的概念，理解 IKE 交互流程。掌握 IEK 配置流程。

3.3.1 IKE

IKE（Internet Key Exchange）也就是互联网密钥交换协议。

大家已经熟悉了 IPSec 框架所提供的主要服务，IPSec VPN 需要预先协商加密协议、散列函数、封装协议、封装模式和密钥有效期等内容。实际协商这类内容的协议叫互联网密钥交换协议 IKE。IKE 主要完成如下 3 个方面的任务。

1）协商协议参数（加密协议、散列函数、封装协议、封装模式和密钥有效期）。

2）通过密钥交换，产生用于加密和 HMAC 用的随机密钥。

3）对建立 IPSec 的双方进行认证（需要预先协商认证方式）。

协商完成后的结果就叫安全关联 SA，也可以说 IKE 建立了安全关联。IKE 一共协商了两种类型的 SA，一种叫 IKE SA，一种叫 IPSec SA。IKE SA 维护了如何安全防护（加密协议、散列函数、认证方式、密钥有效期等）IKE 协议的细节。IPSec SA 维护了如何安全防护实际流量的细节。

IKE 由 3 个协议组成，如图 3-28 所示。

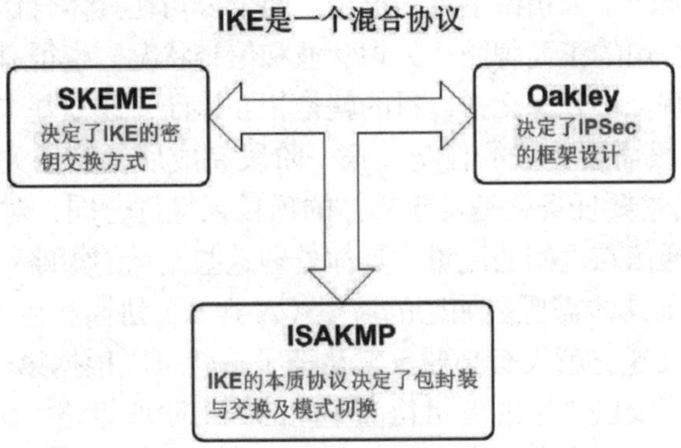

图 3-28

1）SKEME 决定了 IKE 的密钥交换方式。IKE 主要使用 DH（Diffie-Hellman）算法来实现密钥交换。

2）Oakley 决定了 IPSec 的框架设计，让 IPSec 能够支持更多的协议。

3）ISAKMP 是 IKE 的本质协议，决定了 IKE 协商包的封装格式、交换过程和模式的切换。

ISAKMP 是 IKE 的核心协议，所以经常会把 IKE 与 ISAKMP 互换，例如，IKE SA 也经常被说成 ISAKMP SA。并且在配置 IPSec VPN 的时候主要的配置内容也是 ISAKMP，SKEME 和 Oakley 没有任何相关配置内容，所以常常会认为 IKE 和 ISAKMP 是一样的。如果非要对 IKE 和 ISAKMP 进行区分，那么虽然 SKEME 的存在 IKE 能够决定密钥交换的方式，但是 ISAKMP 只能够为密钥交换数据包，不能决定密钥交换实现的方式。

IKE 的两个阶段与 3 个模式，如图 3-29 所示。

图 3-29 所示是 IKE 协商示意图，从这幅图可以看到 IKE 协商分为两个不同阶段，第一阶段和第二阶段。分别可以使用 6 个包交换的主模式或者 3 个包交换的主动模式来完成第一阶段协商，第一阶段协商的主要目的就是对需要建立 IPSec 的双方进行认证，确保合法的对

等体（peer）才能够建立 IPSec VPN。协商得到的结果就是 IKE SA。第二阶段总是使用 3 个包交换的快速模式来完成，第二阶段的主要目的就是根据具体需要加密的流量（感兴趣数据流）协商保护这些流量的策略。协商的结果就是 IPSec SA。

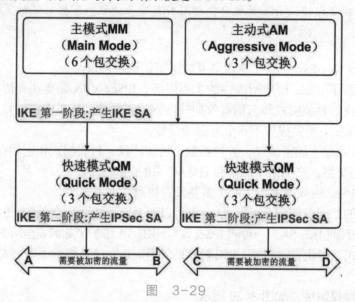

图 3-29

IKE 协商过程非常像两个公司做生意的过程。两个公司在具体合作之前需要相互了解，最简单的方法就是查对方公司的工商牌照、公司营业和信誉状况。也很有可能是约一个地点坐下来面对面进行介绍和了解。不管怎么样，目的就是相互认证，建立基本的信任关系。这个过程其实就是 IKE 第一个阶段需要完成的任务。第一阶段完成后，信任关系建立了，相应的 IKE SA 也就建立了。下面的主要任务就是基于具体的项目来签订合同，对于 IPSec VPN 而言，具体的项目就是安全保护通信点之间的流量，具体处理这些流量的策略（IPSec SA）就是合同。IKE 的第二阶段就是基于具体需要被加密的流量（A 到 B）协商相应的 IPSec SA 来处理这个流量。第一阶段一旦信任建立就没有必要反复认证了，就可以根据第一阶段建立的 IKE SA，给两个站点之间的很多需要被加密的流量协商不同的第二阶段策略（IPSec SA）。

现在要重点介绍主模式 6 个包和快速模式 3 个包一共 9 个包的交换细节，如图 3-30 所示。

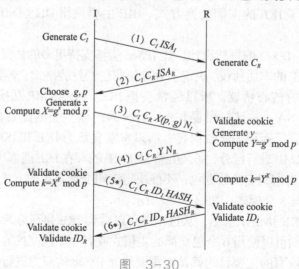

图 3-30

主模式一共要交换 6 个 ISAKMP 数据包，可以分为 1-2、3-4 和 5-6 3 次包交换。1-2 包交换主要完成两个任务，第一是通过核对收到 ISAKMP 数据包的源 IP 地址，来确认收到的 ISAKMP 数据包是否源自于合法的对等体（peer）。第二个任务就是协商 IKE 策略。先来讨论第一个任务的操作过程，假设站点一（互联网 IP 地址 202.100.1.1）和站点二（互联网 IP 地址 61.128.1.1）之间需要建立 IPSec VPN，站点一配置对等体（peer）为 61.128.1.1，站点二配置对等体（peer）为 202.100.1.1，当站点二收到第一个 ISAKMP 的数据包时，查看这个 ISAKMP 数据包的源 IP，如果这个源 IP 是 202.100.1.1 则接受这个包，如果不是则终止整个协商进程，因为站点二并不希望和这个对等体建立 IPSec VPN。由于这个 IP 地址出现在 IP 头部，并不是 ISAKMP 数据的内容，所以在图中并没有被体现出来。ISAKMP 数据包是使用 UDP 进行传输的，源目端口号都是 500，如图 3-31 所示。

```
⊞ User Datagram Protocol, Src Port: isakmp (500), Dst Port: isakmp (500)
⊟ Internet Security Association and Key Management Protocol
    Initiator cookie: 0x99B7727FED8B0FB5
    Responder cookie: 0x0000000000000000
    Next payload: Security Association (1)
    Version: 1.0
    Exchange type: Identity Protection (Main Mode) (2)
  ⊟ Flags
      .... ...0 = No encryption
      .... ..0. = No commit
      .... .0.. = No authentication
    Message ID: 0x00000000
    Length: 144
  ⊟ Security Association payload
      Next payload: Vendor ID (13)
      Length: 56
      Domain of interpretation: IPSEC (1)
      Situation: IDENTITY (1)
    ⊟ Proposal payload # 1
        Next payload: NONE (0)
        Length: 44
        Proposal number: 1
        Protocol ID: ISAKMP (1)
        SPI size: 0
        Number of transforms: 1
      ⊞ Transform payload # 1
          Next payload: NONE (0)
          Length: 36
          Transform number: 1
          Transform ID: KEY_IKE (1)
          Encryption-Algorithm (1): DES-CBC (1)
          Hash-Algorithm (2): SHA (2)
          Group-Description (4): Default 768-bit MODP group (1)
          Authentication-Method (3): PSK (1)
          Life-Type (11): Seconds (1)
          Life-Duration (12): Duration-Value (86400)
⊞ Vendor ID payload
⊞ Vendor ID payload
⊞ Vendor ID payload
```

图　3-31

在 1-2 包交换中，IKE 策略协商才是它的主要任务，策略包含如下几个内容：

1）加密策略。

2）散列函数。

3）DH 组。

4）认证方式。

5）密钥有效期。

既然叫 IKE 策略，表示它是对 IKE 数据包进行处理的策略。以加密策略为例，它决定了加密主模式（MM）5-6 包和快速模式（QM）1-3 包的策略。但是这个策略绝对不会用于加密实际通信点之间的流量，在第二阶段的快速模式协商另外一个加密策略，在快速模式协商的策略才会用于处理感兴趣流。在第一个包内，发起方会把本地配置的所有策略一起发送给接收方，由接收方从中挑出一个可以接收的策略。并且通过第二个 ISAKMP 包回送被选择的那个策略给发起方。图 3-32 所示体现出了接收方选择策略的过程。

本次 1-2 包协商的 IKE 策略是：加密策略为 DES，散列函数为 MD5，DH 组为 1，认证方式为预共享密钥，密钥有效期为一天。

如图 3-33 所示，1-2 包交换已经协商出了 IKE 策略，但是指望使用这些加密策略和散列函数来保护 IKE 数据还缺少一个重要的内容，它就是密钥。加密和 HMAC 都需要密钥，这个密钥从何而来？就需要从 3-4 包的 DH 算法包交换中产生。图 3-34 所示是 DH 算法包交换工作示意图。

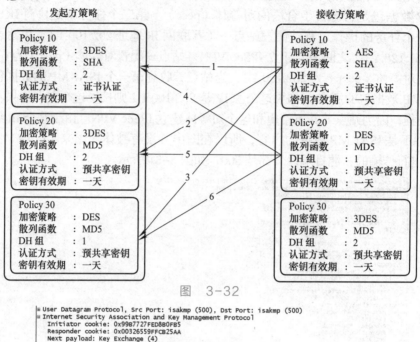

图　3-32

```
⊞ User Datagram Protocol, Src Port: isakmp (500), Dst Port: isakmp (500)
⊟ Internet Security Association and Key Management Protocol
   Initiator cookie: 0x99B7727FED8B0FB5
   Responder cookie: 0x00326559FFCB25AA
   Next payload: Key Exchange (4)
   Version: 1.0
   Exchange type: Identity Protection (Main Mode) (2)
 ⊟ Flags
   .... ...0 = No encryption
   .... ..0. = No commit
   .... .0.. = No authentication
   Message ID: 0x00000000
   Length: 272
 ⊟ Key Exchange payload
   Next payload: Nonce (10)
   Length: 100
   Key Exchange Data
 ⊟ Nonce payload
   Next payload: Vendor ID (13)
   Length: 24
   Nonce Data
 ⊞ Vendor ID payload
 ⊞ Vendor ID payload
 ⊞ Vendor ID payload
 ⊞ Vendor ID payload
 ⊞ NAT-Discovery payload
 ⊞ NAT-Discovery payload
```

图　3-33

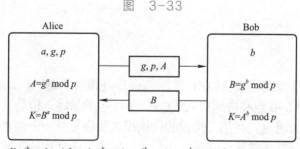

$K=A^b \bmod p=(g^a \bmod p)^b \bmod p=g^{ab} \bmod p=(g^b \bmod p)^a \bmod p=B^a \bmod p$

图　3-34

　　DH 算法是一种非对称密钥算法，这个算法基于一个知名的单向函数，离散对数函数 $A=g^a \bmod p$，这个公式中 mod 就是求余数。这个函数的特点是，在 g 和 p 都很大的情况下，已知 a 求 A 会很快得到结果，但是已知 A 求 a 几乎无法完成，这就是所有单向函数的特点，一个方向运算很快很容易，另一个方向几乎不能完成。了解了这个特点以后来看一看 DH 算法是如何工作的，发起方（Alice）首先随机产生 g、p、a。g 和 p 的大小由 1-2 包交换的

DH 算法组大小来决定，DH 算法组 1 表示为 768 位长度，DH 算法组 2 表示为 1024 位长度，组越大表示 DH 算法包交换的强度越大。然后发起方使用离散对数函数计算得出 A，并且在第三个包中把 g、p、A 发送给接收方（Bob）。接收方（Bob）收到后，随机产生小 b，并且使用第三个包接收到的 g 和 p 通过离散对数函数计算得到 B，使用第四个包把 B 发送给发起方（Alice）。现在 DH 算法的神奇之处就要体现了，接收方（Bob）通过 $A^b \bmod p$ 得到的结果，等于发起方（Alice）通过 $B^a \bmod p$ 计算得到的结果，也等于 $g^{ab} \bmod p$。这样收发双方就通过 DH 算法得到了一个共享秘密 $g^{ab} \bmod p$。这个值中间人是无法计算得出的，因为要计算这个值需要至少一方的私有信息（a 或者 b），但是中间人只能够截获（g、p、A、B），并且不能通过 A 和 B 计算得出 a 和 b（离散对数特点）。有了这个共享秘密 $g^{ab} \bmod p$ 后，可以通过一系列密钥衍生算法得到加密和 HMAC 处理 IKE 信息的密钥。并且加密感兴趣流的密钥也是从这个共享秘密衍生而来，可以说它是所有密钥的始祖 K。

主模式接下来的 5-6 包的交换，双方会进行相互认证，其中会用到预共享密钥。

这个预共享密钥的值是由网络安全管理员配置的，IKE 会根据这个值衍生出一个 $SKEYID$ 值。

$SKEYID = \text{hash}(Pre\text{-}Shared\ Key, N_I|N_R)$

接下来通过 $SKEYID$ 的值以及密钥的始祖 K 值衍生出对后续 IPSec 流量进行保护的密钥 $SKEYIDd$。

$SKEYIDd = \text{hashfunc}(SKEYID, K|C_I|C_R|0)$

通过 $SKEYID$、$SKEYIDd$、K 值，又会衍生出对后续的 IKE 流量进行认证的密钥 $SKEYIDa$。

$SKEYIDa = \text{hashfunc}(SKEYID, SKEYIDd|K|C_I|C_R|1)$

通过 $SKEYID$、$SKEYIDa$、K 值，又会衍生出对后续 IKE 流量进行加密的密钥 $SKEYIDe$。

$SKEYIDe = \text{hashfunc}(SKEYID, SKEYIDa|K|C_I|C_R|2)$

之前这个 $SKEYIDd$ 的值，也就是对后续 IPSec 流量进行保护的密钥，又会在 IKE 的第二个阶段快速模式中，通过协商出协议号和 SPI 号，进而衍生出两个 $KEYMAT$ 值，一个用于入方向的 IPSec SA 密钥，另一个用于出方向的 IPSec SA 密钥。

$KEYMAT = \text{HASH}(SKEYIDd, protocol, SPI|N_I2|N_R2)$

主模式 5-6 包交换如图 3-35 所示。

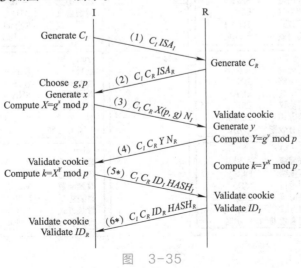

图 3-35

IKE 第一阶段的主要任务就是认证,5–6 包交换就是在安全的环境下进行认证(从 MM 5–6 包开始往后都使用 1–2 包所协商的加密与 HMAC 算法进行安全保护),1–2 和 3–4 包交换只是在为 5–6 包的认证做铺垫。1–2 包为认证准备好策略,例如,认证策略、加密策略和散列函数等,3–4 包为保护 5–6 包的安全算法提供密钥资源。IPSec VPN 的认证方式有预共享密钥认证和 RSA 数字签名认证等方式。首先介绍的是预共享密钥认证。预共享密钥认证顾名思义就是需要在收发双方预先配置一个相同的共享秘密(share secret),认证的时候相互交换由这个共享秘密所制造的散列值来实现认证,这个思路和 OSPF 对路由更新的认证基本一致。

那么应该如何认证呢?就是利用之前 K 值衍生出来的 $SKEYIDa$ 这个密钥以及双方都知道的一些信息来进行认证。

$HASHi = \text{hash}(SKEYIDa, X|Y|C_I|C_R|SAr|ID_I)$

$HASHr = \text{hash}(SKEYIDa, X|Y|C_R|C_I|SAi|ID_R)$

快速模式 1–3 包交换如图 3–36 所示。

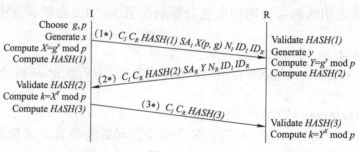

图 3–36

快速模式 1–3 包的主要目的就是在安全的环境下基于感兴趣流协商处理它们的 IPSec 策略。

快速模式的第一个包会把感兴趣流相关的 IPSec 策略一起发送给接收方,由接收方来选择适当策略,这个过程和主模式 1–2 包交换接收方选择策略的过程类似。图 3–37 所示是快速模式 1–2 包接收方策略选择过程示意图。

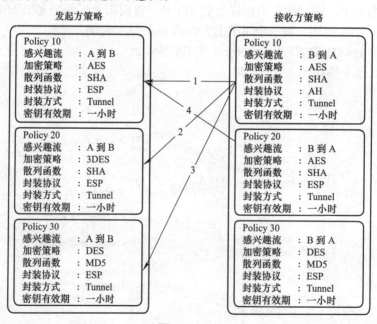

图 3–37

图 3-37 的协商结果就是对 A 到 B 的感兴趣流使用 ESP 进行隧道封装，使用 AES 进行加密，散列函数为 SHA，密钥有效期为 1h。

策略协商完毕以后就会产生相应的 IPSec SA，这个 SA 使用安全参数索引（SPI）字段来进行标识，这个字段的作用前面在提到 ESP/AH 包头部的时候曾经说过，SPI 是一个字串，用于唯一标识一个 IPSec SA。

并且还要注意的是，第一阶段协商的 IKE SA 是一个双向的 SA，这个 IKE SA 使用一对 Cookie 来进行标识，如图 3-38 所示。

```
⊞ User Datagram Protocol, Src Port: isakmp (500), Dst Port: isakmp (500)
⊟ Internet Security Association and Key Management Protocol
    Initiator cookie: 0x99B7727FED8B0FB5
    Responder cookie: 0x00326559FFCB25AA
```

图 3-38

也就是前面公式里提到的 C_I 和 C_R。

但是第二阶段协商的 IPSec SA 是一个单向的 SA，也就是说发起方到接收方有一个 IPSec SA 来保护发起方到接收方的流量，同样的接收方到发起方也有一个 IPSec SA，用来保护接收方到发起方的流量，标识这两个 IPSec SA 的 SPI 出现在快速模式 1-2 包的 SA 中。

IKE 这个技术应该如何在站点间的 VPN 网关之间实施呢？有了 IKE，就没有必要再手工配置密钥了。

首先还是要在中心站点和分支站点之间建立 GRE 隧道：

（1）中心站点

定义 Tunnel 接口：

```
interface Tunnel0
ip address 172.16.1.1 255.255.255.252
tunnel source 61.128.1.1
tunnel destination 202.100.1.1
```

配置 OSPF 路由协议，这时 VPN 网关之间将通过 Tunnel 接口来相互学习路由表：

```
router ospf 1
network 10.1.2.0 255.255.255.0 area 0
network 172.16.1.0 255.255.255.252 area 0
```

（2）分支站点反之

定义 Tunnel 接口：

```
interface Tunnel0
ip address 172.16.1.2 255.255.255.252
tunnel source 202.100.1.1
tunnel destination 61.128.1.1
```

配置 OSPF 路由协议，这时 VPN 网关之间将通过 Tunnel 接口来相互学习路由表。

```
router ospf 1
network 10.1.1.0 255.255.255.0 area 0
network 172.16.1.0 255.255.255.252 area 0
```

接下来利用 IPSec 来对 GRE 流量进行保护，但是要加上 IKE 的配置。

在中心站点的 VPN 网关的配置

```
crypto isakmp policy 10
authentication pre-share
crypto isakmp key dcn address 202.100.1.1
```

这里需要配置 IKE 的第一阶段策略，VPN 网关默认的 IKE 第一阶段策略如图 3-39 所示。

```
Default protection suite
    encryption algorithm:    DES - Data Encryption Standard (56 bit keys).
    hash algorithm:          Secure Hash Standard
    authentication method:   Rivest-Shamir-Adleman Signature
    Diffie-Hellman group:    #1 (768 bit)
    lifetime:                86400 seconds, no volume limit
```

图 3-39

在这里将认证方式配置为预共享密钥，其余的参数都可以使用默认策略。

然后配置与分支站点 202.100.1.1 预共享的密钥为 dcn：

配置 VPN 网关连接至 Internet 的接口的 IP 地址：

interface FastEthernet0/0

ip address 61.128.1.1 255.255.255.252

配置一个 IPSec 加密转换集合，这个集合的名字为 dcn，集合里面指定了 IPSec 使用的封装协议为 ESP，加密算法为 DES，散列算法为 MD5；其实这里面还有一个命令，经过之前的讨论，这里要改为传输模式来降低网络开销。这个 IPSec 加密转换集合在这里作为 IKE 的第二阶段策略：

crypto ipsec transform-set dcn

transform-type esp-des esp-md5-hmac

mode transport

通过 IP 访问列表 dcn 配置一个感兴趣数据流，感兴趣数据流定义了究竟什么样的流量需要被保护；经过之前的讨论，这里要定义成从中心站点到分支站点的 GRE 流量。

ip access-list extended dcn

permit gre 61.128.1.1 255.255.255.255 202.100.1.1 255.255.255.255

配置一个加密映射集合，集合名字叫作 dcn，在这个集合里面可以定义多个策略，比如，可以有多个分支站点通过 IPSec 的隧道连接至中心站点，不同的分支站点在与中心站点进行 IPSec 隧道连接时可以使用不同的策略。而在这个例子里只有一个分支站点，就是 202.100.1.1，所以对于这个分支站点为之定义的策略编号为 10，后面的参数需要换成 ipsec-isakmp，因为需要通过 IKE 来协商密钥。

crypto map dcn 10 ipsec-isakmp

配置 IPSec 对等体的 IP 地址，也就是分支站点的 IP 地址 202.100.1.1：

set peer 202.100.1.1

配置通过加密映射集合调用之前定义的加密转换集合 dcn：

set transform-set dcn

配置通过加密映射集合调用之前定义的 IP 访问列表 dcn，也就是调用之前定义的感兴趣数据流。

match address dcn

将加密映射集合 dcn 绑定在 VPN 网关，也就是路由器连接至 Internet 的接口上：

interface FastEthernet0/0

crypto map dcn

那么对于分支站点又该如何配置呢？分支站点反过来就可以了，配置如下：

crypto isakmp policy 10

authentication pre-share

crypto isakmp key dcn address 61.128.1.1

需要配置 IKE 的第一阶段策略，VPN 网关默认的 IKE 第一阶段策略如图 3-40 所示。

在这里将认证方式配置为预共享密钥，其余的参数都可以使用默认策略。

```
Default protection suite
        encryption algorithm:    DES - Data Encryption Standard (56 bit keys).
        hash algorithm:          Secure Hash Standard
        authentication method:   Rivest-Shamir-Adleman Signature
        Diffie-Hellman group:    #1 (768 bit)
        lifetime:                86400 seconds, no volume limit
```

图 3-40

然后配置与中心站点 61.128.1.1 预共享的密钥为 dcn。

配置 VPN 网关连接至 Internet 的接口的 IP 地址：

```
interface FastEthernet0/0
ip address 202.100.1.1 255.255.255.252
```

配置一个 IPSec 加密转换集合，这个集合的名字为 dcn，集合里面指定了 IPSec 使用的封装协议为 ESP，加密算法为 DES，散列算法为 MD5；要与中心站点的配置相同；而且这里的数据封装模式也要改成传输模式。也将此配置作为 IKE 的第二阶段策略。

```
crypto ipsec transform-set dcn
transform-type esp-des esp-md5-hmac
mode transport
```

通过 IP 访问列表 dcn 配置一个感兴趣数据流，感兴趣数据流定义了究竟什么样的流量需要被保护；经过之前的讨论，这里要定义成从分支站点到中心站点的 GRE 流量；这里的源地址和目的地址要与中心站点正好相反。

```
ip access-list extended dcn
permit gre 202.100.1.1 255.255.255.255 61.128.1.1 255.255.255.255
```

配置 IPSec 对等体的 IP 地址，在这里是中心站点的 IP 地址 61.128.1.1。

```
crypto map dcn 10 ipsec-isakmp
set peer 61.128.1.1
set transform-set dcn
match address dcn
interface FastEthernet0/0
crypto map dcn
```

中心站点的 VPN 网关应该再配置这条路由：

```
ip route 202.100.1.0 255.255.255.252 61.128.1.2
```

分支站点的 VPN 网关也应该再配置这条路由：

```
ip route 61.128.1.0 255.255.255.252 202.100.1.2
```

3.3.2　PKI

如果将 IKE 的认证方式更换为数字签名认证，就可以解决密钥泄露的问题。因为数字签名是基于非对称密钥算法的，所以不担心密钥分发过程中密钥会泄露。之前介绍的密码学原理如图 3-41 所示。

在这张图里，用户二对用户一进行数字签名认证的过程如下：

1）重要明文信息通过散列函数计算得到散列值。

2）用户一（发起者）使用自己的私钥对第一步计算的散列值进行加密，加密后的散列就叫作数字签名。

3）把重要明文信息和数字签名一起打包发送给用户二（接收方）。

4）用户二从打包信息中提取出重要的明文信息。

5）用户二使用和用户一相同的散列函数对步骤4）提取出来的重要明文信息计算散列值，

得到的结果简称"散列值1"。

6）用户二从打包信息中提取出数字签名。

7）用户二使用预先获取的用户一的公钥，对第6）步提取出的数字签名进行解密，得到明文的"散列值2"。

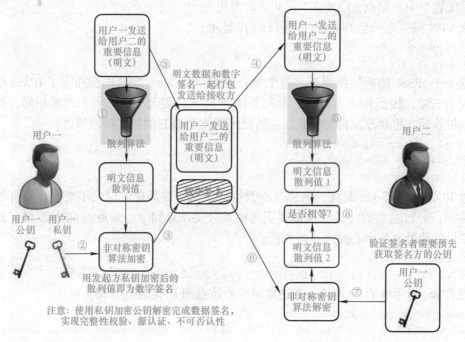

图 3-41

8）比较"散列值1"和"散列值2"是否相等，如果相等则数字签名校验成功。

数字签名校验成功说明：第一，保障了传输的重要明文信息的完整性。因为散列函数拥有冲突避免和雪崩效应两大特点。第二，可以确定对重要明文信息进行数字签名的用户为用户一，因为使用用户一的公钥成功解密了数字签名，只有用户一使用私钥加密产生的数字签名才能够使用用户一的公钥进行解密。通过数字签名的实例说明数字签名提供两大安全特性，即完整性校验和源认证。

这里的源认证是否可以用于IKE这个协议的发起方和接收方之间的身份认证呢？

可以，不过需要双方各自产生公钥和私钥，而且还要将各自的公钥分发给对方才能实现数字签名认证。

既然要将各自的公钥分发给对方，这里还有一个问题，那就是当任何一方，比如中心站点的VPN网关拿到了另一方分支站点的VPN网关的公钥后，如何保证这个公钥的合法性？如果黑客用他的公钥来假冒分支站点的VPN网关的公钥，那么黑客就可以通过中心站点的VPN网关欺骗身份认证，从而接入公司的网络。

不管是公司的中心站点还是分支站点，可以为每一方定义身份ID（Identifiers），让这一方的ID和它的公钥之间建立一种映射关系，然后让这种映射关系被第三方的权威机构认可，也就是让这个第三方的权威机构来为每一方的ID和它的公钥之间的映射关系来进行数字签名，每一方的这种信息就叫作数字证书，而这个第三方的权威机构就是证书服务器。这种架构叫作PKI（Public Key Infrastructure），也就是公钥架构。

在数据加密和数字签名中，如何保证这些公钥的合法性呢？这就需要通过受信任的第三方颁发证书机构来完成，此证书证实了公钥所有者的身份标识。

证书颁发机构 CA 是 PKI 公钥基础结构中的核心部分，CA 负责管理 PKI 结构下所有用户的数字证书，负责发布、更新和取消证书。

PKI 系统中的数字证书简称证书，它把公钥和用户个人信息（如名称、电子邮件和身份证号）捆绑在一起。

证书包含以下信息：

1）使用者的公钥值。

2）使用者的标识信息。

3）有效期（证书的有效时间）。

4）颁发者的标识信息。

5）颁发者的数字签名。

假设某个用户要申请一个证书，以实现安全通信，申请流程如下：

1）用户生成密钥对，根据个人信息填好申请证书的信息，并提交证书申请。

2）CA 用自己的私钥对用户的公钥和用户的 ID 进行签名，生成数字证书。

3）CA 将电子证书传送给用户（或者用户主动取回）。

这样，当任何一方将自己的证书分发给另一方时，由于证书中含有 CA 的数字签名，另一方就可以通过 CA 的公钥验证这个证书确实由所信任的 CA 颁发。

既然另一方可以通过 CA 的公钥验证这个证书确实由所信任的 CA 颁发，那么另一方为何会有 CA 的公钥呢？

任何一方为了验证 CA 就需要有 CA 的公钥，这个公钥包含在 CA 的根证书中，但是如何来验证这个根证书的合法性，可以使用离线确认的方式，比如 CA 的管理员首先对 CA 的根证书进行散列函数的运算，计算出散列值 1，然后当任何一方获得 CA 的根证书以后也进行散列函数的运算，计算出散列值 2，然后和管理员进行电话确认，判断散列值 1 和他计算得到的散列值 2 是否相等，如果相等，则说明该 CA 的根证书是合法的。

IKE 利用 PKI 和数字签名来进行身份认证的过程，如图 3-42 和图 3-43 所示。

IKE 通过主模式 5-6 个包的交换来实现身份认证：

1）发起方将之前协商得到的 IKE 策略内容、DH 算法计算得到的密钥资源等其他发起方、接收方都知道的内容进行散列函数计算，得到散列值 1；然后用发起方的私钥对散列值 1 进行加密，得到发起方的数字签名，将携带了该数字签名、发起方的数字证书、发起方的主机名的 IKE 主模式第 5 个包发送给接收方；接收方收到 IKE 主模式第 5 个包，由于接收方本地有 CA 的根证书，CA 的根证书中有 CA 的公钥，接收方通过该 CA 的公钥来对发起方的个人证书中的 CA 签名进行认证，如果认证通过，则证明发起方的个人证书确实是由 CA 颁发的证书，说明该证书内容是可信的。

2）由于发起方的个人证书中含有发起方的 ID，接收方提取该 ID 信息和 IKE 第 5 个包中发起方的 ID 进行比较，如果发起方的 ID 和包含在发起方证书的 ID 相等，那么说明发起方和发起方证书是匹配的。

3）由于发起方的个人证书中含有发起方的公钥，接收方提取该公钥，对发起方的数字签名（发起方私钥加密后的散列值 1）进行解密，得到明文的散列值 1。

4）接收方将之前协商得到的 IKE 策略内容、DH 算法计算得到的密钥资源等其他发起方、接收方都知道的内容进行散列函数计算，得到散列值 2；利用散列值 2 和散列值 1 进行比较，如果散列值 2= 散列值 1，则通过身份认证。

如果 IKE 主模式第 5 个包为接收方认证发起方的过程，那么 IKE 主模式第 6 个包就是发起方认证接收方的过程。

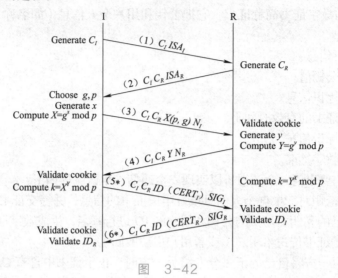

图 3-42

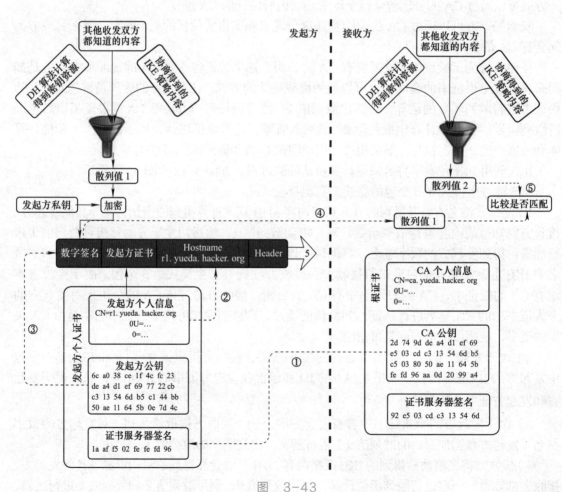

图 3-43

下面需要解决的问题是如何通过 PKI 和数字签名的方式来实施 IKE 的身份认证，也就是如何配置。

既然是 PKI 架构，首先需要在公司的网络中安装一台证书服务器，以 Windows Server 为例。首先需要安装 CA 证书服务，如图 3-44 所示。

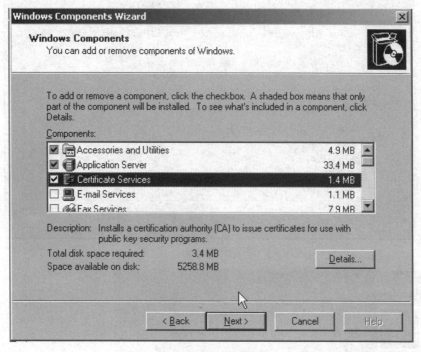

图　3-44

安装成功后开始安装简单证书注册协议（SCEP）。

SCEP 可以从微软公司网站上下载 "cepsetup.exe" 软件进行安装，如图 3-45 ～图 3-47 所示。

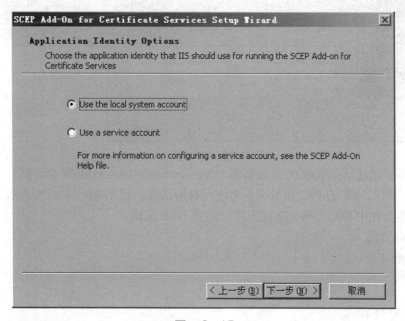

图　3-45

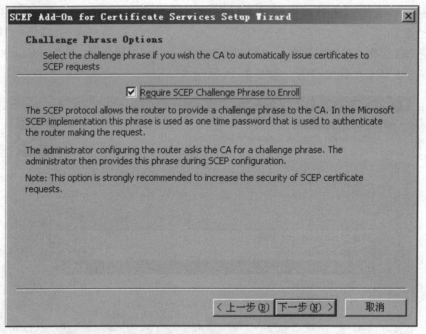

图　3-46

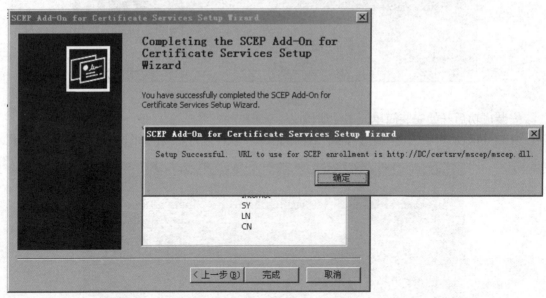

图　3-47

然后就可以通过访问 http://CA 服务器 IP/certsrv/mscep/mscep.dll 来申请证书了。
接下来，利用 IKE 的 PKI 和数字签名进行身份认证，在站点间的 VPN 网关之间实施。
首先还是要在中心站点和分支站点之间建立 GRE 隧道。
（1）中心站点
定义 Tunnel 接口。

interface Tunnel0
ip address 172.16.1.1 255.255.255.252
tunnel source 61.128.1.1
tunnel destination 202.100.1.1

配置 OSPF 路由协议，这时候 VPN 网关之间将通过 Tunnel 接口来相互学习路由表。

```
router ospf 1
network 10.1.2.0 255.255.255.0 area 0
network 172.16.1.0 255.255.255.252 area 0
```

（2）分支站点反之

定义 Tunnel 接口。

```
interface Tunnel0
ip address 172.16.1.2 255.255.255.252
tunnel source 202.100.1.1
tunnel destination 61.128.1.1
```

配置 OSPF 路由协议，这时候 VPN 网关之间将通过 Tunnel 接口来相互学习路由表。

```
router ospf 1
network 10.1.1.0 255.255.255.0 area 0
network 172.16.1.0 255.255.255.252 area 0
```

接下来利用 IPSec 对 GRE 流量进行保护。

在中心站点的 VPN 网关的配置：

```
crypto isakmp policy 10
```

需要配置 IKE 的第一阶段策略，VPN 网关默认的 IKE 第一阶段策略如图 3-48 所示。

```
Default protection suite
        encryption algorithm:   DES - Data Encryption Standard (56 bit keys).
        hash algorithm:         Secure Hash Standard
        authentication method:  Rivest-Shamir-Adleman Signature
        Diffie-Hellman group:   #1 (768 bit)
        lifetime:               86400 seconds, no volume limit
```

图　3-48

因为在这里将认证方式配置为 RSA 签名，所以使用默认的策略即可。

```
interface FastEthernet0/0
ip address 61.128.1.1 255.255.255.252
```

配置 VPN 网关连接至 Internet 的接口的 IP 地址。

```
crypto ipsec transform-set dcn
transform-type esp-des esp-md5-hmac
mode transport
```

配置一个 IPSec 加密转换集合，这个集合的名字为 dcn，集合里面指定了 IPSec 使用的封装协议为 ESP，加密算法为 DES，散列算法为 MD5；其实这里面还有一个命令，经过之前的讨论，这里要改为传输模式来降低网络开销。这个 IPSec 加密转换集合在这里作为 IKE 的第二阶段策略。

```
ip access-list extended dcn
permit gre 61.128.1.1 255.255.255.255 202.100.1.1 255.255.255.255
```

通过 IP 访问列表 dcn 配置一个感兴趣数据流，感兴趣数据流定义了究竟什么样的流量需要被保护；经过之前的讨论，这里要定义成从中心站点到分支站点的 GRE 流量。

```
crypto map dcn 10 ipsec-isakmp
```

配置一个加密映射集合，集合名字叫作 dcn，在这个集合里面可以定义多个策略，比如，可以有多个分支站点都可以通过 IPSec 的隧道连接至中心站点，不同的分支站点在与中心站点进行 IPSec 隧道连接时，可以使用不同的策略；而在这个例子里，只有一个分支站点，就是 202.100.1.1，所以对于这个分支站点，为之定义的策略编号为 10；后面的参数需要换成 ipsec-isakmp，因为需要通过 IKE 来协商密钥。

配置 IPSec 对等体的 IP 地址，也就是分支站点的 IP 地址 202.100.1.1：

set peer 202.100.1.1

配置通过加密映射集合调用之前定义的加密转换集合 dcn：

set transform-set dcn

配置通过加密映射集合调用之前定义的 IP 访问列表 dcn，也就是调用之前定义的感兴趣数据流：

match address dcn

配置将加密映射集合 dcn 绑定在 VPN 网关，也就是路由器连接至 Internet 的接口上。

interface FastEthernet0/0
crypto map dcn

分支站点反过来就可以了，配置如下：

crypto isakmp policy 10

需要配置 IKE 的第一阶段策略，VPN 网关默认的 IKE 第一阶段策略如图 3-49 所示。

```
Default protection suite
        encryption algorithm:    DES - Data Encryption Standard (56 bit keys).
        hash algorithm:          Secure Hash Standard
        authentication method:   Rivest-Shamir-Adleman Signature
        Diffie-Hellman group:    #1 (768 bit)
        lifetime:                86400 seconds, no volume limit
```

图 3-49

由于在这里也是将认证方式配置为 RSA 签名，所以也可以使用默认策略，与中心站点保持一致。

配置 VPN 网关连接至 Internet 的接口的 IP 地址：

interface FastEthernet0/0
ip address 202.100.1.1 255.255.255.252

配置一个 IPSec 加密转换集合，这个集合的名字为 dcn，集合里面指定了 IPSec 使用的封装协议为 ESP，加密算法为 DES，散列算法为 MD5；要与中心站点的配置相同；而且这个地方的数据封装模式也要改成传输模式。也将此配置作为 IKE 的第二阶段策略：

crypto ipsec transform-set dcn
transform-type esp-des esp-md5-hmac
mode transport

通过 IP 访问列表 dcn 配置一个感兴趣数据流，感兴趣数据流定义了究竟什么样的流量需要被保护；经过之前的讨论，这里要定义成从分支站点到中心站点的 GRE 流量；这里的源地址和目的地址要与中心站点正好相反。

ip access-list extended dcn
permit gre 202.100.1.1 255.255.255.255 61.128.1.1 255.255.255.255

配置 IPSec 对等体的 IP 地址，在这里是中心站点的 IP 地址 61.128.1.1：

crypto map dcn 10 ipsec-isakmp
set peer 61.128.1.1
set transform-set dcn

```
match address dcn
interface FastEthernet0/0
crypto map dcn
```

中心站点的 VPN 网关应该再配置这条路由：

```
ip route 202.100.1.0 255.255.255.252 61.128.1.2
```

分支站点的 VPN 网关也应该再配置这条路由：

```
ip route 61.128.1.0 255.255.255.252 202.100.1.2
```

要想获得证书，首先要配置一个 trustpoint，用于指定申请证书的 URL 和提交各个站点 VPN 网关的个人信息。

中心站点：

```
crypto pki trustpoint CA
enroll url http://CA 服务器 IP:80/certsrv/mscep/mscep.dll
subject-name cn=Beijing.taojin.com, ou=HQ, o=TaoJin, l=Beijing
```

分支站点：

```
crypto pki trustpoint CA
enroll url http://CA 服务器 IP:80/certsrv/mscep/mscep.dll
subject-name cn=Shanghai.taojin.com, ou=BranchShanghai, o=TaoJin, l=Shanghai
```

这里面的 CA 是个任意的本地有效的 trustpoint 名字，后面每个站点的 VPN 网关要通过这个名字来申请 CA 的根证书以及个人证书。

接下来为各个站点的 VPN 网关申请 CA 的根证书，各个站点都是通过以下命令来申请：

```
crypto pki authenticate CA
```

接下来会出现如下提示：

```
Certificate has the following attributes:
    Fingerprint MD5: CA4DE0BB 9D1D9FA5 A2F153C8 057C9BA5
    Fingerprint SHA1: 2B0B38EA 4657830B 079EC73F 4963E0F4 D355661B
% Do you accept this certificate? [yes/no]: yes
Trustpoint CA certificate accepted.
```

也就是获取了 CA 的根证书，同时这里会产生根证书的散列值，要将这个散列值进行 CA 的管理员电话确认。

接下来为各个站点的 VPN 网关申请个人证书，各个站点都是通过以下命令来申请：

```
crypto pki enroll CA
```

不过执行了这个命令以后，系统会提示输入密码，出现如下信息：

```
% Start certificate enrollment ..
% Create a challenge password. You will need to verbally provide this
  password to the CA Administrator in order to revoke your certificate.
  For security reasons your password will not be saved in the configuration.
  Please make a note of it.

Password: < 此处填写微软证书系统 enrollment challenge password>
Re-enter password: < 此处填写微软证书系统 enrollment challenge password>
```

在浏览器中输入：http://CA 服务器 IP/certsrv/mscep /mscep.dll，会出现如图 3-50 所示的页面。

这将提供在 VPN 网关个人信息注册期间需要指定的"密钥"。"密钥"在 60min 内有效。

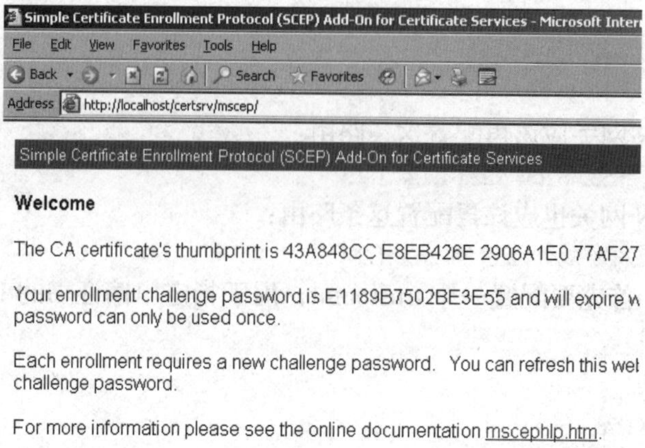

图 3-50

习 题

1. 下列对 IKE 描述中, 正确的是 ( )。

    A. IKE 是单一协议, 主要用于密钥交换   B. IKE 是用于网络认证和加密的算法

    C. 标准 IKE 就是标准 IPSec 协议   D. IKE 只能使用证书

2. 下列关于 IPSec 与 IKE 的说法中, 正确的是 ( )。

    A. IPSec 只能通过与 IKE 配合的方式才能建立起安全联盟

    B. IKE 只能与 IPSec 配合使用

    C. IKE 只负责为 IPSec 建立提供安全密钥, 不参与 IPSec SA 协商

    D. IPSec SA 建立后, 数据转发与 IKE 无关

3. 下列关于 IKE 描述中, 不正确的是 ( )。

    A. IKE 可以为 IPSec 协商安全关联

    B. IKE 可以为 RIPv2、OSPFv2 等要求保密的协议协商安全参数

    C. IKE 可以为 L2TP 协商安全关联

    D. IKE 可以为 SNMPv3 等要求保密的协议协商安全参数

4. 关于 IPSec SA 和 IKE SA 的说法中, 正确的是 ( )。

    A. IPSec SA 是双向的, IKE SA 是单向的

    B. IPSec SA 是双向的, IKE SA 是双向的

    C. IPSec SA 是单向的, IKE SA 是单向的

    D. IPSec SA 是单向的, IKE SA 是双向的

5. 关于 IKE 的说法中, 正确的是 ( )。

    A. IKE 是个为双方获取共享密钥而存在的协议

    B. IKE 的精髓在于它永远不在不安全的网络上直接传送密钥

    C. IKE 通过一系列数据的交换, 最终计算出双方共享的密钥

    D. IKE 通过验证保证协商过程中交换的数据没有被篡改, 确认建立安全通道的对端身份的真实性

6. IKE 由哪些组件组成?

3.4　SSL VPN 解决方案

学习目标

理解 SSL VPN 概念。掌握 SSL VPN 配置流程。

3.4.1　SSL

Secure Socket Layer（SSL）俗称安全套接层，由 Netscape Communitcation 于 1990 年开发，用于保障 Word Wide Web（WWW）通信的安全。它的主要任务是提供私密性、信息完整性和身份认证。1994 年改版为 SSLv2，1995 年改版为 SSLv3。

Transport Layer Security（TLS）标准协议由 IETF 于 1999 年颁布，整体来说 TLS 非常类似于 SSLv3，只是对 SSLv3 做了一些增加和修改。

SSL 协议概述：SSL 是一个不依赖于平台和应用程序的协议，用于保障应用安全，SSL 在传输层和应用层之间，就像应用层连接到传输层的一个插口，如图 3-51 所示。

SSL 连接的建立有两个主要的阶段：

第一阶段：Handshake phase（握手阶段）。

1）协商加密算法。

2）认证服务器。

3）建立用于加密和 HMAC 用的密钥。

第二阶段：Secure data transfer phase（安全数据传输阶段）。

在已经建立的 SSL 连接里安全地传输数据。

SSL 是一个层次化的协议，最底层是 SSL Record Protocol（SSL 记录协议），Record Protocol 包含一些信息类型或者说是协议，用于完成不同的任务，如图 3-52 所示。

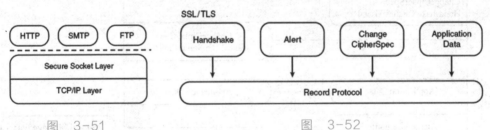

图 3-51　　　　　　　　　　　图 3-52

下面对 SSL/TLS 里的每一个协议的主要作用进行介绍：

1）Record Protocol（记录协议）：是主要的封装协议，它传输不同的高层协议和应用层数据。它从上层用户协议获取信息并且传输，执行需要的任务，例如分片、压缩、应用 MAC 和加密，并且传输最终数据。它也执行反向行为，解密、确认、解压缩和重组装来获取数据。记录协议包括 4 个上层客户协议，Handshake（握手）协议、Alert（告警）协议、Change Cipher Spec（修改密钥说明）协议和 Application Data（应用层数据）协议。

2）Handshake Protocols：握手协议负责建立和恢复 SSL 会话。它由 3 个子协议组成。

①Handshake Protocol（握手协议）：协商 SSL 会话的安全参数。

②Alert Protocol（告警协议）：一个事务管理协议，用于在 SSL 对等体间传递告警信息。告警信息包括 1.errors（错误）；2.exception conditions（异常状况），例如，错误的 MAC 或者解密失败；3.notification（通告），例如，会话终止。

③Change Cipher Spec Protocol（修改密钥说明）协议，用于在后续记录中通告密钥策略转换。

Handshake Protocols 用于建立 SSL 客户和服务器之间的连接，这个过程由如下这几个主要任务组成：

①Negotiate security capabilities（协商安全能力）：处理协议版本和加密算法。

②Authentication（认证）：客户认证服务器，当然服务器也可以认证客户。

③Key exchange（密钥交换）：双方交换用于产生 master keys（主密钥）的密钥或信息。

④Key derivation（密钥引出）：双方引出 master secret（主秘密），这个主秘密产生用于数据加密和 MAC 的密钥。

3）Application Data Protocol：（应用程序数据协议）处理上层应用程序数据的传输。

TLS Record Protocol 使用框架式设计，新的客户协议能够很轻松地被加入，如图 3-53 所示。

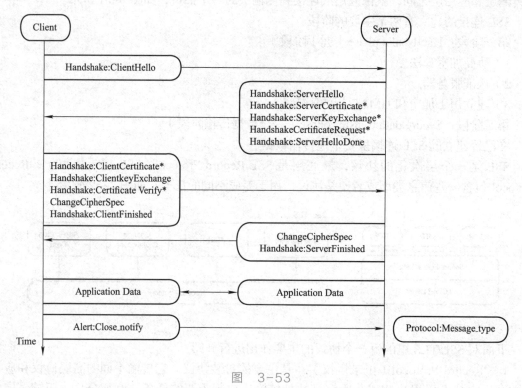

图　3-53

1. Hello Phase（Hello 阶段）

在这个阶段，客户和服务器开始逻辑连接并且协商 SSL 会话的基本安全参数，例如，SSL 协议版本和加密算法，由客户初始化连接。

Client Hello 信息里包含的内容如图 3-54 所示。

1）Protocol Version（协议版本）：这个字段表明客户能够支持的最高协议版本，格式为 < 主版本 . 小版本 >，SSLv3 版本为 3.0，TLS 版本为 3.1。

2）Client Random（客户随机数）：它由客户的日期和时间加上 28 字节的伪随机数组成，

这个客户随机数以后会用于计算 Master Secret（主秘密）和 Prevent Replay Attacks（防止重放攻击）。

3）Session ID（会话 ID）< 可选 >：一个会话 ID 标识一个活动的或者可恢复的会话状态。一个空的会话 ID 表示客户想建立一个新的 SSL 连接或者会话，然而一个非零的会话 ID 表明客户想恢复一个先前的会话。

```
⊞ Frame 4 (132 bytes on wire, 132 bytes captured)
⊞ Ethernet II, Src: 00:0c:29:8f:46:42, Dst: 00:03:0f:40:7d:8a
⊞ Internet Protocol, Src Addr: 192.168.1.211 (192.168.1.211), Dst Addr: 192.168.1.1 (192.168.1.1)
⊞ Transmission Control Protocol, Src Port: 3116 (3116), Dst Port: https (443), Seq: 1, Ack: 1, Len: 78
⊟ Secure Socket Layer
  ⊟ SSLv2 Record Layer: Client Hello
      Length: 76
      Handshake Message Type: Client Hello (1)
      Version: SSL 3.0 (0x0300)
      Cipher Spec Length: 51
      Session ID Length: 0
      Challenge Length: 16
    ⊟ Cipher Specs (17 specs)
      Cipher Spec: TLS_RSA_WITH_RC4_128_MD5 (0x000004)
      Cipher Spec: TLS_RSA_WITH_RC4_128_SHA (0x000005)
      Cipher Spec: TLS_RSA_WITH_3DES_EDE_CBC_SHA (0x00000a)
      Cipher Spec: SSL2_RC4_128_WITH_MD5 (0x010080)
      Cipher Spec: SSL2_DES_192_EDE3_CBC_WITH_MD5 (0x0700c0)
      Cipher Spec: SSL2_RC2_CBC_128_CBC_WITH_MD5 (0x030080)
      Cipher Spec: TLS_RSA_WITH_DES_CBC_SHA (0x000009)
      Cipher Spec: SSL2_DES_64_CBC_WITH_MD5 (0x060040)
      Cipher Spec: TLS_RSA_EXPORT1024_WITH_RC4_56_SHA (0x000064)
      Cipher Spec: TLS_RSA_EXPORT1024_WITH_DES_CBC_SHA (0x000062)
      Cipher Spec: TLS_RSA_EXPORT_WITH_RC4_40_MD5 (0x000003)
      Cipher Spec: TLS_RSA_EXPORT_WITH_RC2_CBC_40_MD5 (0x000006)
      Cipher Spec: SSL2_RC4_128_EXPORT40_WITH_MD5 (0x020080)
      Cipher Spec: SSL2_RC2_CBC_128_CBC_WITH_MD5 (0x040080)
      Cipher Spec: TLS_DHE_DSS_WITH_3DES_EDE_CBC_SHA (0x000013)
      Cipher Spec: TLS_DHE_DSS_WITH_DES_CBC_SHA (0x000012)
      Cipher Spec: TLS_DHE_DSS_EXPORT1024_WITH_DES_CBC_SHA (0x000063)
    Challenge
```

图 3-54

4）Client Cipher Suite（客户加密算法组合）：罗列了客户支持的一系列加密算法。这个加密算法组合定义了整个 SSL 会话需要用到的一系列安全算法，例如，认证、密钥交换方式，数据加密和 hash 算法，例如，TLS_RSA_WITH_RC4_128_SHA 标识客户支持 TLS 并且使用 RSA 用于认证和密钥交换，RC4 128–bit 用于数据加密，SHA-1 用于 MAC。

5）Compression Method（压缩的模式）：定义了客户支持的压缩模式。

当收到了 Client Hello 信息时，服务器回送 Server Hello。Server Hello 和 Client Hello 拥有相同的架构，如图 3-55 所示。

服务器回送客户和服务器共同支持的 Highest Protocol Versions（最高协议版本）。这个版本将会在整个连接中使用。服务器也会产生自己的 Server Random（服务器随机数），将会用于产生 Master Secret（主秘密）。Cipher Suite 是服务器选择的由客户提出所有策略组合中的一个。Session ID 可能出现两种情况：

1）New Session ID（新的会话 ID）：如果客户发送空的 Session ID 来初始化一个会话，则服务器会产生一个新的 Session ID，或者如果客户发送非零的 Session ID 请求恢复一个会话，但是服务器不能或者不希望恢复一个会话，那么服务器也会产生一个新的 Session ID。

2）Resumed Session ID（恢复会话 ID）：服务器使用客户端发送的相同的 Session ID 来恢复客户端请求的先前会话。

最后服务器在 Server Hello 中也会回应选择的 Compression Method（压缩模式）。

Hello 阶段结束以后，客户和服务器已经初始化了一个逻辑连接并且协商了安全参数，例如，Protocol Version（协议版本）、Cipher Suites（加密算法组合）、Compression Method（压缩模式）和 Session ID（会话 ID）。它们也产生了随机数，这个随机数会用于以后 Master key 的产生。

```
⊞ Frame 6 (719 bytes on wire, 719 bytes captured)
⊞ Ethernet II, Src: 00:03:0f:40:7d:8a, Dst: 00:0c:29:8f:46:42
⊞ Internet Protocol, Src Addr: 192.168.1.1 (192.168.1.1), Dst Addr: 192.168.1.211 (192.168.1.211)
⊞ Transmission Control Protocol, Src Port: https (443), Dst Port: 3116 (3116), Seq: 1, Ack: 79, Len: 665
⊟ Secure Socket Layer
  ⊟ SSLv3 Record Layer: Handshake Protocol: Server Hello
     Content Type: Handshake (22)
     Version: SSL 3.0 (0x0300)
     Length: 74
   ⊟ Handshake Protocol: Server Hello
     Handshake Type: Server Hello (2)
     Length: 70
     Version: SSL 3.0 (0x0300)
     Random.gmt_unix_time: Jan  1, 2000 14:09:49.000000000
     Random.bytes
     Session ID Length: 32
     Session ID (32 bytes)
     Cipher Suite: TLS_RSA_WITH_RC4_128_MD5 (0x0004)
     Compression Method: null (0)
  ⊞ SSLv3 Record Layer: Handshake Protocol: Certificate
  ⊞ SSLv3 Record Layer: Handshake Protocol: Server Hello Done
```

图 3-55

2. Authentication and Key Exchange Phase（认证和密钥交换阶段）

结束了 Hello 交换后，客户和服务器协商了安全属性，并且进入了认证和密钥交换阶段。在这个阶段，客户和服务器需要产生一个认证的 Shared Secret（共享秘密），叫作 Pre_master Secret，它将用于转换成为 Master Secret（主秘密）。

SSLv3 和 TLS 支持一系列认证和密钥交换模式，下面介绍 SSLv3 和 TLS 支持的主要密钥交换模式。

RSA：被最广泛使用的认证和密钥交换模式。客户产生 Random Secret（随机秘密）叫作 Pre_master Secret，被服务器 RSA 公钥加密后通过 Client Key Exchange 信息发送给服务器，如图 3-56 所示。

Server Hello 信息发送以后，服务器发送 Server Certificate 信息和 Server Hello Done 信息。Server Certificate 信息发送服务器证书（证书里包含服务器公钥）。Server Hello Done 信息是一个简单的信息，表示服务器已经在这个阶段发送了所有的信息，如图 3-57 和图 3-58 所示。

Pre_master Secret 由两部分组成，客户提供的 Protocol Version（协议版本）和 Random Number（随机数）。客户使用服务器公钥来加密 Pre_master Secret。

如果需要对客户进行认证，服务器需要发送 Certificate Request 信息来请求客户发送自己的证书。客户回送两个信息：Client Certificate 和 Certificate Verify。Client Certificate 包含客户证书，Certificate Verify 用于完成客户认证工作。它包含一个对所有 handshake 信息进行的 hash，并且这个 hash 被客户的私钥做了签名。为了认证客户，服务器从 Client Certificate 获取客户的公钥，然后使用这个公钥解密接收到的签名，最后把解密后的结果和服务器对所有 handshake 信息计算 hash 的结果进行比较。如果匹配，则客户认证成功。

本阶段结束后，客户和服务器走过了认证的密钥交换过程，并且它们已经有了一个共享的秘密 Pre_master Secret。客户和服务器已经拥有计算出 Master Secret 的所有资源。

```
⊞ Frame 7 (258 bytes on wire, 258 bytes captured)
⊞ Ethernet II, Src: 00:0c:29:8f:46:42, Dst: 00:03:0f:40:7d:8a
⊞ Internet Protocol, Src Addr: 192.168.1.211 (192.168.1.211), Dst Addr: 192.168.1.1 (192.168.1.1)
⊞ Transmission Control Protocol, Src Port: 3116 (3116), Dst Port: https (443), Seq: 79, Ack: 666, Len: 204
⊟ Secure Socket Layer
  ⊟ SSLv3 Record Layer: Handshake Protocol: Client Key Exchange
      Content Type: Handshake (22)
      Version: SSL 3.0 (0x0300)
      Length: 132
    ⊟ Handshake Protocol: Client Key Exchange
        Handshake Type: Client Key Exchange (16)
        Length: 128
  ⊞ SSLv3 Record Layer: Change Cipher Spec Protocol: Change Cipher Spec
  ⊞ SSLv3 Record Layer: Handshake Protocol: Encrypted Handshake Message
```

```
0020  01 01 0c 2c 01 bb 55 87  87 b4 66 c6 51 55 50 18   ...,..U. ..f.QUP.
0030  f8 57 62 06 00 00 84 10  00 00 80 0b               .Wb..... ....
0040  8a 4d bf 20 23 7e a1 64  a5 a6 a6 6d 8d 25 68 ab   .M. #~.d ...m.%h.
0050  c7 67 b4 15 32 1d 79 7c  5e 36 10 1f 6b e4 8a 8b   .g..2.y| ^6..k...
0060  df f9 6d cd f1 0a 70 2c  0c c3 5d 5a 1b 75 e8       ..m..p, ..]ZZ.u.
0070  44 b6 9c 29 03 bd dd aa  66 91 c3 c9 b4 e2 13 2f   D..).... f....../
0080  2e 05 5b 79 47 5c bd aa  c4 ba 4e b9 88 f8 64 33   ..[yG\.. ..N...d3
0090  bc 3d d0 4a c6 1c 9c 7d  2b 5a f0 8b bc 4a 2f 59   .=.J...} +Z...J/Y
00a0  b1 6e 56 5e 35 88 95 e3  a5 91 73 0d 09 2a a3 38   .nV^5... ..s..*.8
00b0  68 46 2d 31 db 9c 6e 98  b3 d7 64 5c 0d 48 14       hF-1..n. ..d\.H.
00c0  03 00 00 01 01 16 03 00  00 38 9d cd eb 29 71 9f   ........ .8...)q.
00d0  99 16 64 30 e1 1f 89 a6  25 22 73 96 12 1b 0d 8e   ..d0.... %"s.....
00e0  60 db 7c b5 ca 88 19 4e  db ba 8c f4 c7 d1 e2 ec   `.|....N ........
00f0  f1 fd 65 59 47 36 f9 45  41 ba 88 35 4a b6 b7 c9   ..eYG6.E A..5J...
0100  bf c1                                              ..
```

图　3-56

```
⊞ Frame 6 (719 bytes on wire, 719 bytes captured)
⊞ Ethernet II, Src: 00:03:0f:40:7d:8a, Dst: 00:0c:29:8f:46:42
⊞ Internet Protocol, Src Addr: 192.168.1.1 (192.168.1.1), Dst Addr: 192.168.1.211 (192.168.1.211)
⊞ Transmission Control Protocol, Src Port: https (443), Dst Port: 3116 (3116), Seq: 1, Ack: 79, Len: 665
⊟ Secure Socket Layer
  ⊞ SSLv3 Record Layer: Handshake Protocol: Server Hello
  ⊟ SSLv3 Record Layer: Handshake Protocol: Certificate
      Content Type: Handshake (22)
      Version: SSL 3.0 (0x0300)
      Length: 572
    ⊟ Handshake Protocol: Certificate
        Handshake Type: Certificate (11)
        Length: 568
        Certificates Length: 565
      ⊟ Certificates (565 bytes)
          Certificate Length: 562
        ⊟ Certificate: 30820197A0030201020202020087300D06092A864886F70D01...
          ⊟ signedCertificate
              version: v3 (2)
              serialNumber: 135
            ⊞ signature
            ⊞ issuer: rdnSequence (0)
            ⊞ validity
            ⊞ subject: rdnSequence (0)
            ⊞ subjectPublicKeyInfo
            ⊞ extensions:
          ⊟ algorithmIdentifier
              Algorithm Id: 1.2.840.113549.1.1.5 (shaWithRSAEncryption)
            Padding: 0
            encrypted: 76EB8046EA07E18A550F8B7B7D44BC047EDD451127CC00CF...
  ⊞ SSLv3 Record Layer: Handshake Protocol: Server Hello Done
```

图　3-57

```
⊞ Frame 6 (719 bytes on wire, 719 bytes captured)
⊞ Ethernet II, Src: 00:03:0f:40:7d:8a, Dst: 00:0c:29:8f:46:42
⊞ Internet Protocol, Src Addr: 192.168.1.1 (192.168.1.1), Dst Addr: 192.168.1.211 (192.168.1.211)
⊞ Transmission Control Protocol, Src Port: https (443), Dst Port: 3116 (3116), Seq: 1, Ack: 79, Len: 665
⊟ Secure Socket Layer
 ⊞ SSLv3 Record Layer: Handshake Protocol: Server Hello
 ⊞ SSLv3 Record Layer: Handshake Protocol: Certificate
 ⊟ SSLv3 Record Layer: Handshake Protocol: Server Hello Done
     Content Type: Handshake (22)
     Version: SSL 3.0 (0x0300)
     Length: 4
   ⊟ Handshake Protocol: Server Hello Done
      Handshake Type: Server Hello Done (14)
      Length: 0
```

图　3-58

3. Key Derivation Phase（密钥引出阶段）

这部分要了解 SSL 客户和服务器如何使用先前安全交换的数据来产生 Master Secret（主秘密）。Master Secret（主秘密）是绝对不会交换的，它是由客户和服务器各自计算产生的，并且基于 Master Secret 还会产生一系列密钥，包括信息加密密钥和用于 HMAC 的密钥。SSL 客户和服务器使用下面这些先前交换的数据来产生 Master Secret。

1）Pre-master Secret。

2）The Client Random and Server Random（客户和服务器随机数）。

SSLv3 使用如图 3-59 所示的方式来产生 Master Secret（主秘密）。

```
master_secret =
        MD5(pre_master_secret + SHA('A' + pre_master_secret +
            ClientHello.random + ServerHello.random)) +
        MD5(pre_master_secret + SHA('BB' + pre_master_secret +
            ClientHello.random + ServerHello.random)) +
        MD5(pre_master_secret + SHA('CCC' + pre_master_secret +
            ClientHello.random + ServerHello.random));
master_secret =
        MD5(pre_master_secret + SHA('A' + pre_master_secret +
            ClientHello.random + ServerHello.random)) +
        MD5(pre_master_secret + SHA('BB' + pre_master_secret +
            ClientHello.random + ServerHello.random)) +
        MD5(pre_master_secret + SHA('CCC' + pre_master_secret +
            ClientHello.random + ServerHello.random));
```

图　3-59

Master Secret 是产生其他密钥的源，它最终会衍生为信息加密密钥和 HMAC 的密钥。并且通过下面的算法产生 key_block（密钥块），如图 3-60 所示。

通过 key_block 产生如下密钥：

1）Client write key：客户使用这个密钥加密数据，服务器使用这个密钥解密客户信息。

2）Server write key：服务器使用这个密钥加密数据，客户使用这个密钥解密服务器信息。

3）Client write MAC secret：客户使用这个密钥产生用于校验数据完整性的 MAC，服务器使用这个密钥验证客户信息。

4）Server write MAC Secret：服务器使用这个密钥产生用于校验数据完整性的 MAC，客户使用这个密钥验证服务器信息。

```
key_block =
        MD5(master_secret + SHA('A' + master_secret +
                                ServerHello.random +
                                ClientHello.random)) +
        MD5(master_secret + SHA('BB' + master_secret +
                                ServerHello.random +
                                ClientHello.random)) +
        MD5(master_secret + SHA('CCC' + master_secret +
                                ServerHello.random +
                                ClientHello.random)) + [...];
key_block =
        MD5(master_secret + SHA('A' + master_secret +
                                ServerHello.random +
                                ClientHello.random)) +
        MD5(master_secret + SHA('BB' + master_secret +
                                ServerHello.random +
                                ClientHello.random)) +
        MD5(master_secret + SHA('CCC' + master_secret +
                                ServerHello.random +
                                ClientHello.random)) + [...];
```

图　3-60

4. Finishing Handshake Phase（Handshake 结束阶段）

当密钥产生完毕，SSL 客户和服务器都已经准备好结束 handshake，并且在建立好的安全会话里发送应用数据。为了标识准备完毕，客户和服务器都要发送 Change Cipher Spec 信息来提醒对端，本端已经准备使用已经协商好的安全算法和密钥。Finished 信息是在 Change Cipher Spec 信息发送后紧接着发送的，是被协商的安全算法和密钥保护的，如图 3-61 所示。

```
⊞ Frame 7 (258 bytes on wire, 258 bytes captured)
⊞ Ethernet II, Src: 00:0c:29:8f:46:42, Dst: 00:03:0f:40:7d:8a
⊞ Internet Protocol, Src Addr: 192.168.1.211 (192.168.1.211), Dst Addr: 192.168.1.1 (192.168.1.1)
⊞ Transmission Control Protocol, Src Port: 3116 (3116), Dst Port: https (443), Seq: 79, Ack: 666, Len: 204
⊟ Secure Socket Layer
  ⊞ SSLv3 Record Layer: Handshake Protocol: Client Key Exchange
  ⊟ SSLv3 Record Layer: Change Cipher Spec Protocol: Change Cipher Spec
      Content Type: Change Cipher Spec (20)
      Version: SSL 3.0 (0x0300)
      Length: 1
      Change Cipher Spec Message
  ⊞ SSLv3 Record Layer: Handshake Protocol: Encrypted Handshake Message
```

```
0020  01 01 0c 2c 01 bb 55 87  87 b4 66 c6 51 55 50 18   ...,..U...f.QUP.
0030  f8 57 62 06 00 00 16 03  00 00 84 10 00 00 80 0b   .Wb.............
0040  8a 4d bf 20 23 7e a1 64  a5 a6 a6 8d 25 68 a6 88   .M. #~.d....%h..
0050  c7 67 b4 15 32 1d 79 7c  5e 36 10 1f 6b e4 8a 8b   .g..2.y|^6..k...
0060  df f9 6d cd f1 0a 70 2c  0c c3 5d 5a 5a 1b 75 e8   ..m...p,..]ZZ.u.
0070  44 b6 9c 29 03 bd dd aa  66 91 c3 c9 b4 e2 13 2f   D..)....f....../
0080  2e 05 5b 79 47 5c bd aa  c4 ba 4e b9 88 f8 64 33   ..[yG\....N...d3
0090  bc 3d d0 4a c6 1c 9c 7d  2b 5a f0 8b bc 4a 2f 59   .=.J...}+Z...J/Y
00a0  b1 6e 56 5e 35 88 95 e3  a5 91 73 0d 09 2a a3 38   .nV^5.....s..*.8
00b0  68 46 2d 31 db 9c 6e 98  b3 d7 64 5c 0b 48 9d 14   hF-1..n...d\.H..
00c0  03 00 00 01 01 16 03 00  00 38 9d cd eb 29 71 9f   .........8...)q.
00d0  99 16 64 30 e1 1f 89 a6  25 22 73 96 12 1b 0d 8e   ..d0....%"s.....
00e0  60 db 7c b5 ca 88 19 4e  db ba 8c f4 c7 d1 e2 ec   `.|....N........
00f0  f1 fd 65 59 47 36 f9 45  41 ba 88 35 4a 96 b7 c9   ..eYG6.E A..5J...
0100  bf c1                                              ..
```

图　3-61

Finished 信息是用整个 handshake 信息和 Master Secret 算出来的一个 hash。确认了这个 Finish 信息，表示认证和密钥交换成功。这个阶段结束后，SSL 客户机和服务器就可以开始传输应用层数据了。

5. Application Data Phase（应用层数据阶段）

当 handshake 阶段结束，应用程序就能够在新建立的安全的 SSL 会话里进行通信。Record protocol（记录协议）负责把 Fragment（分片）、Compress（压缩）、Hash（散列）和 Encrypt（加密）后的所有应用数据发送到对端，并且在接收端 Decrypt（解密）、Verify（校验）、Decompress（解压缩）和 Reassemble（重组装）信息。

图 3-62 所示显示了 SSL/TLS Record Protocol 操作的细节。

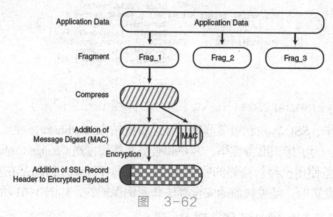

图 3-62

3.4.2 SSL VPN

SSL VPN 提供了如下 3 种访问模式：

1）Reverse Proxy Technology（Clientless Mode）。

2）Port-Forwarding Technology（Thin Client Mode）。

3）SSL VPN Tunnel Client（Thick Client Mode）。

1. Reverse proxy technology（Clientless Mode）

Reverse proxy 是一个内部服务器和远程用户之间的代理服务器，为远程用户提供访问内部 Web 应用资源的入口点。对于外部用户而言，Reverse proxy 服务器是一个真正的 Web 服务器。当接收到用户的 Web 请求时，Reverse proxy 中继客户的请求到内部服务器，就像用户直接去获取一样，并且回送服务器的内容给客户，可能会对内容进行额外的处理。

SSL VPN 的 Reverse proxy 模式也叫作 Clientless Web Access 或者 Clientless Access，因为它不需要在客户设备上安装任何客户端代理。

2. Port-Forwarding Technology（Thin Client Mode）

Clientless Web Access 只能够支持一部分重要的商务应用，这些应用要么拥有 Web 界面要么很容易 Web 化。为了实现完整的远程 VPN，SSL VPN 需要支持其他类型的应用程序，Port-forwarding 客户端就解决了一部分这样的问题。

SSL VPN Port-Forwarding 客户端是一个客户代理程序，用于为特殊的应用程序流量做中继，并且重定向这些流量到 SSL VPN 网关，通过已经建立的 SSL 连接。Port-Forwarding 客户端也叫作 Thin Client（瘦客户端），这个客户端一般小于 100KB。

SSL VPN 厂商把不同的技术应用到 Port-Forwarding。例如，java Applet、ActiveX 控件、Windows 操作系统下的 Layered Service Provider（LSP）和 Windows 操作系统下的 Transport Interface（TDI）。最广泛使用的还是 Java Applet Port-Forwarding 客户端。和 Windows 技术比较，

Java Applet 适用于 Windows 和非 Windows 操作系统，例如，Linux 和 Mac OS，只要客户系统支持 Java 即可，如图 3-63 所示。

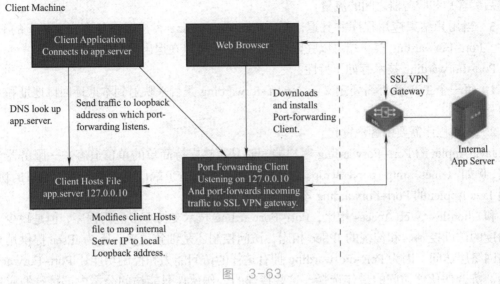

图 3-63

下面是对这一过程的描述：

1）客户通过 Web 浏览器连接 SSL VPN 网关，当用户登入时，单击并且加载 Port-Forwarding 客户端。

2）客户端下载并且运行 Java Applet Port-Forwarding 客户端。Port Forwarding 可以被配置成为这样两种方式：

① 为了每一个客户应用能够连接到一个内部的应用服务器，需要预先指定一个本地环回接口和 IP 地址。例如，一个 Telnet 应用希望连接到内部服务器 10.1.1.1，Port Forwarding 客户端需要把它映射到环回接口地址 127.0.0.10 和 6500 号端口。最终用户通过输入 telnet 127.0.0.10 6500 Telnet 到本地 127.0.0.10 6500 号端口的方式，来替代 Telnet 到 10.1.1.1。这样将发送流量到监控这个地址和端口的 Port-Forwarding 客户端。Port-Forwarding 客户端封装客户 Telnet 流量，并且通过已经建立的 SSL 连接发送到 SSL VPN 网关。SSL VPN 网关紧接着打开封装的流量，并且发送 Telnet 请求到内部服务器 10.1.1.1。

使用这种方式，最终用户每次使用都不得不修改应用程序，并且指派环回口地址和端口号，这样的操作会让用户感觉非常不方便。

② 为了解决这个问题，Port-forwarding 为内部应用程序服务器指定一个主机名，例如，Port-Forwarding 客户端首先备份客户主机上的 Host 文件，为内部服务器在 Host 文件里添加一个条目，映射到环回口地址。通过先前使用的例子来说明它是如何工作的，内部服务器 10.1.1.1 映射到一个主机名 router.company.com，Port-Forwading 客户端首先备份客户端 Host 文件到 Hosts.webvpn，然后在 Host 文件里添加 127.0.0.10 router.company.com。这样用户输入 telnet router.company.com，执行 DNS 查询，客户主机查询被修改过的 Hosts 文件，并且发送 Telnet 流量到 Port-Forwarding 客户端正在监听的环回口地址。

通过这种方式，最终用户没有必要每次都去修改客户应用程序。但是，如果修改 Hosts 文件，则最终用户需要适当的用户权限。

3）当用户加载客户应用程序时，Port-Forwarding 客户端在已经建立的 SSL 连接保护的

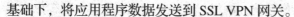

基础下，将应用程序数据发送到 SSL VPN 网关。

4）SSL VPN 网关不对流量进行修改，直接转发客户应用程序流量到内部服务器。并且中继后续客户和服务器之间的流量。

5）当用户结束应用程序并且退出后。Port–Forwarding 客户端恢复客户主机上的 Hosts 文件。Port–Forwarding 客户端可以驻留在客户主机也可以在退出时卸载。

Port–Forwarding 技术有如下特性：

1）每一个 TCP 流都需要定义一个 port–forwarding 条目来映射到本地环回口地址和 TCP 端口号。

2）应用程序需要由客户发起。

Java Applet 的 Port–Forwarding 客户端一般只能够支持简单的单信道客户—服务器 TCP 运用，例如，telnet、smtp、pop3 和 rdp。对于那些使用多个 TCP 端口或者动态 TCP 端口的协议，使用 Java Applet 的 Port–Forwarding 不是一个好的选择。

和 Clientless Web Access 相比，Port–Forwarding 技术支持更多应用程序，但是缺少更加有力度的访问控制。和传统的 IPSec 相比，访问控制还是细致得多。因为 IPsec 提供用户完整的网络层访问。因为 Port–Forwarding 拥有这样的访问能力和控制功能让 Port–Forwarding 成为商务合作伙伴访问的最佳选择。这些特殊的合作伙伴只能访问公司内部特殊的应用程序资源。

3. SSL VPN Tunnel Client（Thick Client Mode）

传统的 Clientless Web Access 和 Port–Forwarding Access 不能满足超级用户和在家工作的员工使用公司计算机运行 VPN 并且希望对公司实现完整访问的需要。如今，绝大多数 SSL VPN 解决方案也能够提供一个 Tunnel Client（隧道客户端）选项，为公司提供一个绿色的远程 VPN 部署方案。不像 IPSec VPN，SSL VPN 隧道客户端不是一个标准技术，不同厂商都有不同的隧道技术，但是它们拥有相同的特性：隧道客户端经常会安装一张逻辑网卡在客户主机上，并且获取一个内部地址池的地址。这张逻辑网卡捕获并且封装客户访问公司内部网络的流量，在已经建立的 SSL 连接里发送数据包到 SSL VPN 网关。

对于在家办公用户和在外出差用户，需要通过远程拨号 VPN 来接入公司的网络，应该如何通过这种访问模式的 SSL VPN 来实现对他们的接入呢？

下面介绍关于这种访问模式的 SSL VPN 网关设备的配置。

假如已经连入 Internet 的远程接入用户 PC，需要为他们的 PC 分配一段公司内部网络的 IP 地址段：10.10.10.100/24 ～ 10.10.10.200/24；假设这个地址集名字叫作 ippool。

(config)# scvpn pool ippool
(config–pool–scvpn)# address 10.10.10.100 10.10.10.200 netmask 255.255.255.0

还要为他们分配远程接入认证的用户名和密码，假设用户名为 user1，密码为 123456，当然要为每个 SSL VPN 用户都分配各自的用户名和密码，而且密码应该尽量复杂，这里的密码 123456 只是举个例子。

(config)# aaa–server local
(config–aaa–server)# user user1
(config–user)# password 123456

接下来就要为远程接入用户来创建 SSL VPN 的实例：sslvpn1。

(config)# tunnel scvpn sslvpn1

调用之前定义的地址集：

(config-tunnel-scvpn)# pool ippool

调用之前定义的认证方式：

(config-tunnel-scvpn)# aaa-server local

定义 VPN 网关连接至 Internet 的物理接口，前提是远程用户通过 Internet 能够访问到这个接口的地址。

(config-tunnel-scvpn)# interface ethernet0/5

启用隧道分割技术，仅对用户访问公司内网 10.10.0.0/16 的流量进行保护。

(config-tunnel-scvpn)# split-tunnel-route 10.10.0.0/16

创建名字叫"SSL_VPN"的安全域。

(config)# zone SSL_VPN
(config-zone-SSL_VPN)# exit

创建隧道接口 tunnel1 并将该接口加入安全域"SSL_VPN"，隧道接口的 IP 地址必须与之前定义的地址集中的 IP 地址在同一网段。

(config)# interface tunnel1
(config-if-tun1)# zone SSL_VPN
(config-if-tun1)# ip address 10.10.10.1/24

把之前定义的 SSL VPN 实例绑定到此接口。

(config-if-tun1)# tunnel scvpn sslvpn1

最后一步，由于这个 VPN 网关同时也是防火墙，所以还要定义从 SSL_VPN 安全域到公司内部网络 trust 安全域的安全策略。

(config)# policy-global
(config-policy)# rule
(config-policy-rule)# src-zone SSL_VPN
(config-policy-rule)# dst-zone trust
(config-policy-rule)# src-addr any
(config-policy-rule)# dst-addr any
(config-policy-rule)# service any
(config-policy-rule)# action permit

对于 Internet 的远程接入用户 PC，应该如何通过 SSL VPN 访问公司的内部网络呢？

假设公司的 VPN 网关通过公有 IP 地址（6.6.6.1）接入 Internet，那么来自 Internet 的远程接入用户 PC 需要首先通过 HTTP Over SSL 的方式访问 VPN 网关，从中下载并安装"DigitalChina Secure Connect"程序，默认的 TCP 端口号为 4433，也就是说来自 Internet 的远程接入用户 PC 需要通过"https://6.6.6.1:4433"从 VPN 网关中下载"DigitalChina Secure Connect"程序；然后通过这个程序对公司的 VPN 网关进行 SSL VPN 连接，如图 3-64 所示。

如果和 IPSec 技术进行类比，刚才提到的 SSL VPN 实际上可以理解为 SSL 的隧道模式，而 HTTP Over SSL 实际上可以理解为 SSL 的传输模式；因为 SSL VPN 加密点为 Internet 公有网络的 IP 地址之间，而通信点在公司内部网络 IP 地址之间，HTTP Over SSL 无论是加密点还是通信点都是在公有网络的 IP 地址之间。

接下来介绍 HTTP Over SSL 如何实现。

首先，无论是客户端还是服务器，需要获得 CA（证书服务器）的根证书；要信任从这个证书颁发机构颁发的证书，安装此 CA 证书链接，如图 3-65 所示。

图 3-64

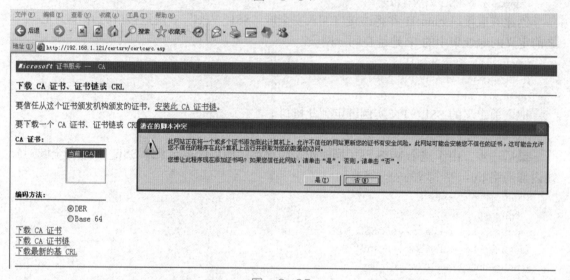

图 3-65

接下来安装 CA 证书，如图 3-66 所示。

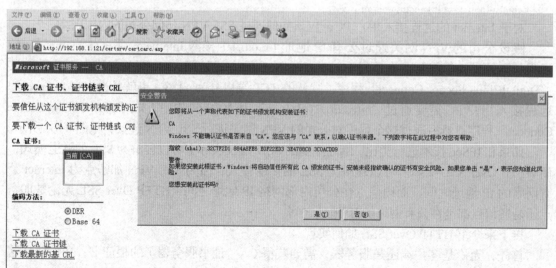

图 3-66

确认已经安装了 CA 根证书，如图 3-67 所示。

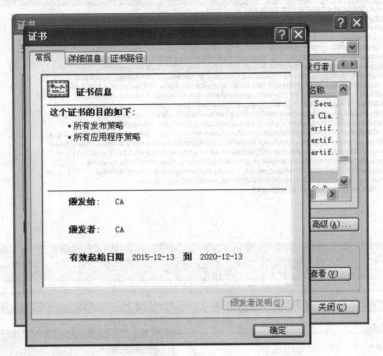

图　3-67

接下来需要为 Server 端申请 Server 个人证书，如图 3-68 所示。

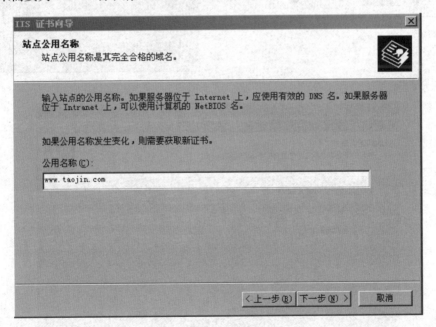

图　3-68

要提交一个保存的申请到 CA，在"保存的申请"文本框中粘贴一个由外部源（如 Web 服务器）生成的 base-64 编码的 CMC 或 PKCS #10 证书申请或 PKCS #7 续订申请，如图 3-69 所示。

如果 CA 管理员已经颁发了该 Server 证书，则需要对该 Server 证书进行下载、安装，如图 3-70 ～图 3-73 所示。

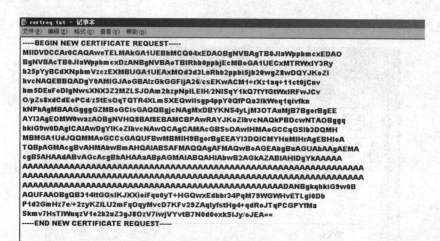

图 3-69

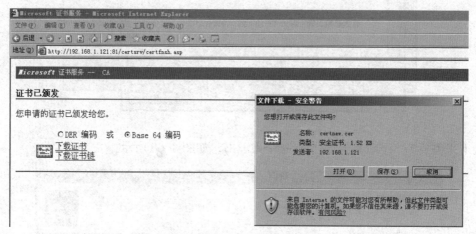

图 3-70

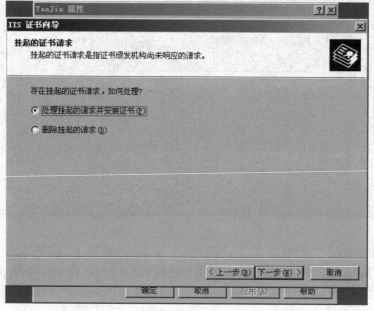

图 3-71

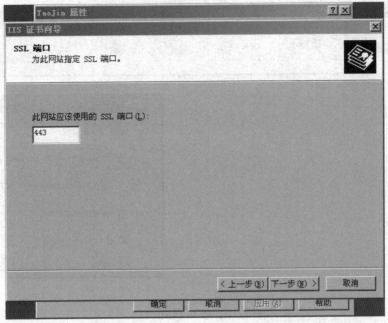

图 3-72

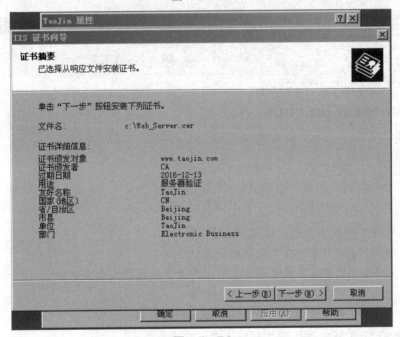

图 3-73

客户在通过 HTTP Over SSL 访问公司的电子商务网站的时候，对服务器的认证需要确认 3 点：

1）该证书是否是由可信任的 CA 颁发。

2）该证书是否在有效期之内。

3）证书颁发对象是否与站点名称匹配。

比如，客户端通过 IP 地址访问服务器，就没有使用与证书颁发对象相同的名称，如图 3-74 所示。

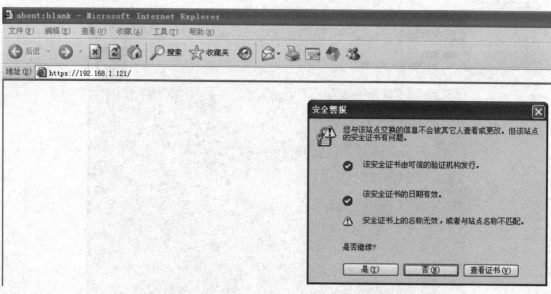

图 3-74

需要使用与证书颁发对象相同的名称，才可以正常访问公司的电子商务网站，如图 3-75 所示。

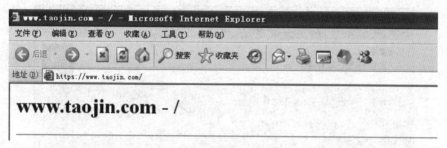

图 3-75

✎ 习 题

1. 下列对 SSL VPN 的描述中，正确的是（ ）。

A. SSL VPN 可以穿透任何防火墙的限制

B. SSL VPN 不需要安装客户端，可以非常灵活地接入到网络中

C. SSL VPN 可以在任何移动设备上登录

D. SSL VPN 可以实现严格的访问控制和访问权限

2. IPSec VPN 与 SSL VPN 的区别描述中，正确的是（ ）。

A. IPSec VPN 与 SSL VPN 没有区别，都是 VPN

B. IPSec VPN 与 SSL VPN 区别在于两者使用的方式不一样，实现的功能基本一样

C. IPSec VPN 与 SSL VPN 区别在于 IPSec 使用的是三层协议

D. IPSec VPN 与 SSL VPN 的区别是 IPSec 可以实现 site to site，SSL 无法实现

3. SSL VPN 支持哪些接入方式？（ ）

A. Web   B. TCP

C. IP   D. 以上都是

4. SSL VPN 的安全性体现在？（　　　）

    A. 传输加密　　　　　　　　　　　B. 身份认证

    C. 权限管理　　　　　　　　　　　D. 防病毒

5. SSL VPN 主要可以解决（　　　）。

    A. 适应各种网络条件下的安全接入

    B. 无法忍受 VPN 客户端损坏和网关配置修改后不能访问

    C. 细粒度访问控制

    D. 以上全是

6. 什么是 SSL ？

7. SSL 的组成元素有哪些？